JN100296

HKS流 エンジンチューニング法

長谷川浩之

グランプリ出版

■ 読者の皆様へ ■

　本書の原著となる『HKS流エンジンチューニング法』は，1995年12月18日に初版が刊行されて以来，チューニングを志す読者の方々を中心に読み継がれ，刷を重ねてまいりました。HKS（エッチ・ケー・エス）創業者である長谷川浩之氏本人によって，同社のチューニングのエッセンスとノウハウが紹介された唯一の書籍であり，その内容は電子制御の高度化した現代のクルマにも活用できる知見を多く見て取ることができます。

　原著はしばらく品切れ状態が続いておりましたが，このような知識を必要とする方々をはじめとして再刊のご要望をいただくようになり，増補二訂版の刊行を決定いたしました。

　刊行にあたっては，内容の再確認を実施するとともに，カバー装丁を一新しました。さらに巻頭には，長谷川浩之氏とともにチューニング部品の開発やモータースポーツ活動を展開し，2016年に2代目社長に就任した水口大輔氏に「創業者　長谷川浩之氏とHKSについて」と題して，長谷川氏の技術者や経営者としての横顔やHKSのこれまでの活動に関する寄稿をいただきました。

　また，今回の刊行にあたりHKSで顧問を務められた浅妻金平氏にもご協力をいただきました。ここに御礼申し上げます。

　本書をご覧いただき，クルマを適切にチューニングする楽しさや奥深さを感じ取っていただければ幸いです。

　　　　　　　　　　　　　　　　　　　　　　　グランプリ出版　編集部　山田国光

創業者 長谷川浩之氏とHKSについて

株式会社エッチ・ケー・エス
代表取締役社長　水口 大輔

1969年生まれ。1993年4月HKS入社。商品開発部署所属、モータースポーツ部署配属、HKS USA INC出向、ガスエンジン開発部署配属を経て、2011年6月CNG開発部長、2012年11月取締役、2016年11月代表取締役社長に就任。2018年8月株式会社エッチ・ケー・エス テクニカルファクトリー代表取締役社長、2019年8月日生工業株式会社代表取締役社長に就任。

■長谷川浩之創業社長との出会い

　私が本書の著者でもある長谷川浩之社長と初めてお会いしたのは、1992年、HKSの入社面接の時でした。食堂に隣接した小さな会議室が面接の場所で、面接室に入るとそこに長谷川社長が座っておられました。

　面接が始まると長谷川社長は、「水口さんは何の学問が好きかい？」と質問されました。

　ものづくりと機械が大好きだった私は、「機構学です」と答えたところ、長谷川社長は「そうかい。機構学とは珍しいな」と言ってニヤっと微笑みました。

　次の質問は「HKSのどこがいいと思ったのかい？」と聞かれ、私は、「HKSは正門があって守衛さんがいるような大きな会社かと思っていましたが、実際は町工場みたいで意外と小さくて驚きました。でも、色々なことがやれそうでいいなと」と正直に答えました。

　長谷川社長はさらに笑顔になり、「そうかそうか」と言って、「HKSはやりたいと思ったら何でもできる会社だからな」と話され、その後は面接というよりも、長谷川社長ご自身が、HKSのいいところ、すごいところを懇々とお話しされました。私が受けた質問はこの2つくらいだったと記憶しています。翌日には、合格の連絡が来て、私は晴れてＨＫＳに入社することになりました。これが長谷川社長との出会いです。

　この出会いから24年後、HKS創業43年目の2016年11月、長谷川社長は他界されました。長谷川社長との数々の想い出は今でも鮮明に覚えています。

どんなに偉い方でも歯に衣を着せずにズバッとモノを言う姿，そして疑問に思うご自身が納得するまでトコトン質問し続ける姿，そして，時に少年の様な眼差しで，開発中の部品や図面を見ている姿，長谷川社長は紛れもなく技術者であり，常に先頭に立ち会社を牽引する経営者でもありました。

厳しい中でも時に見せる屈託のない満面の笑みと励ましの言葉で，くじけそうになった時に何度も助けられました。

仕事の面では人一倍厳しく，何かあるとご自身の思いの丈を延々と話され止まらなくなることもしょっちゅうでした。ただ，話の途中でも，私自身の思いを強い意志をもって話を切り返すと長谷川社長はご自分の話を止めて私の話を真剣な眼差しで聞き，そのうち表情が変わりニヤッと微笑みながら，「そうか。じゃあやってみろ」と受け入れてくれました。

自分の意思を持って伝えるとやりたいことをやらせてくれる，そんな長谷川社長でした。

私はHKSに入り，数々の開発業務を担当させて頂きました。入社後に配属された商品開発部署から，元々やりたかったモータースポーツ部署への配属を志願，2年後には同部署へ配属，そして，海外経験を積みたいと思いアメリカ駐在も志願し，1年後には海外赴任と，長谷川社長が入社面接でお話しされたとおり，やりたいと思ったら何でもできる会社なんだ。当時の私は本当にそう思いました。

私は今，HKSの代表として長谷川社長の後を担っています。そして，入社面談の際やインターンシップ生に，私が身をもって体験し実現してきた「言葉」を伝えています。一つは，

「HKSは自分がやりたいという強烈な思いがあれば色々なことに挑戦できる」です。もう一つ，長谷川社長から常に言われ続けてきたことは，

「とにかく，できないと言うな。どうやったらできるか考えて挑戦しろ！」という言葉でした。

社員も皆，この言葉を何度も耳にし，日々過ごしていく中で自ら挑戦し行動するようになり，会社と共に成長してきました。今日のHKSがあるのも，この挑戦する姿勢があったからこそだと思っています。この言葉を常に胸に秘めて努力を重ねていれば，必ず実現できる。周りにいる仲間が助けてくれて，実現に導いてくれると信じています。

エンジンチューニングの方法を知りたいと思ってこの書を手にされた若い読者の方々に向けて，長谷川社長より頂いたこの二つの言葉を贈ります。

■HKSのこれまでの取り組み

　HKSは1973年10月の創業以来チューニングパーツの開発・製造・販売から，モータースポーツ活動，自動車メーカーや大学との研究開発やOEM製品の開発・生産など，自動車に関する様々な事業を展開してきました。

　チューニングパーツの開発では創業1年後には，市販の乗用車向けに業界初のターボキットを発売し，予想をはるかに上回る売れ行きとなり世の中に「チューニング」という文化を築きました。それから5年後，量産車両にもターボが装着されるようになり，ターボ車の時代が来ました。

　1970年代後半から，自動車の燃料制御は機械式のキャブレターからインジェクション（電子制御）が主流となり，HKSもすぐにアフターパーツ開発を開始，電子燃料制御装置「F-CON」を発売して，ECUチューニングの時代に対応していきました。

　そして，ターボ車の増加に合わせて，過給圧を制御する装置「EVC」を発売。制御ユニットに付いているボリュームを操作するだけで簡単に過給圧を調整でき，これまでの自然吸気エンジンでは考えられないほど簡単に出力が上がり，時代はNAチューンからターボチューンへと変わっていきました。

　排気系パーツでは音質の追求や排気抵抗低減を目的に，マフラーやキャタライザー（触媒）を開発，吸気系商品はパワーフローやインタークーラーの展開など，NAチューン，ターボチューン共に，出力向上だけではなく，チューニングパーツとして大事な機能性と美観にもこだわった商品を展開していきました。

　さらなる出力向上には，ピストン，コンロッドやカムシャフトなどエンジン内部パーツのチューニング，そして，車両全体のトータルバランスを考えたパーツ

HKS創業当時の社屋（左）と1999年に新設した本社工場

として，サスペンションやエアロパーツなど，今日ではHKSではお客様の好みに合わせて様々なチューニングパーツを展開しています。

こだわりのパーツを作るため自社商品の内製化も進め，1985年にマフラーの生産工場を立ち上げ製造を開始，その後，コイルスプリング，ショックアブソーバーも内製化し製造，過給機ではスーパーチャージャー，ターボチャージャーも内製化に成功し，社内で生産できる体制を取ってきました。

モータースポーツ車両，レース用エンジンの開発においては，1983年に，セリカXXをベースにした「HKS　M300」車両を開発し，最高速301.25km/hの記録を樹立，当時国産車として初の時速300kmオーバーを達成するという快挙も成し遂げました。

また，創業当初より，HKSオリジナルエンジンを作りたいという熱い思いを持ち続け，1981年にはオートレース用エンジン，3.5L・V12気筒5バルブ，F1用エンジン，F3用エンジン，レース用途以外では，小型飛行機用の水平対向エンジンなど，多種多様なエンジンを開発してきました。

2000年に入り，世の中はディーゼル車の排気ガス等，環境問題が取り上げられるようになり始めた頃，HKSでは早くから環境への対応も率先して考え，ガソリンだけではなく，二酸化炭素排出量の低い天然ガスやLPガスでも走ることができる「バイフューエルシステム」の開発や，ディーゼルトラック用エンジンを天然ガス燃料エンジンに改良する開発業務を開始し，これまでのチューニングパーツやレース用エンジン開発で構築した技術をベースに，今では自動車メーカー向けの天然ガスエンジンの開発・生産や，LPGタクシーの開発，大学とのエンジン高効率化研究などのほか，自動車メーカーとの共同開発・量産業務が事業の大きな

市販の乗用車向けに発売した、業界初ターボキット

時速300kmオーバーを達成した「HKS M300」

3.5L・V12気筒5バルブのF1用エンジン

柱の一つとなりました。

　グローバル展開においては，創業9年目の1981年に「HKS　USA」を設立し，初の海外進出を皮切りに，1996年にはイギリスを拠点に「HKS　EUROPE」を設立し欧州への進出，2001年には東南アジアの販売拠点「HKS　Thailand」設立，2007年にマフラーの生産拠点として同じくタイに「HKS-IT」を設立，そして2012年に中国の販売拠点として，「HKS上海」の設立と，会社の成長と共に，世界中のクルマ好きの嗜好に合わせた商品開発，販売展開を進めてきました。

天然ガスやLPガスでも走行可能な「バイフューエルシステム」

■HKS 今後の展望

　自動車業界は100年に一度の変革期と言われてから数年が経ち，政府は2030年半ばには全ての新車を電動自動車に切り替え，2050年までには温室効果ガスの排出を実質ゼロにする脱炭素社会の実現を目標に掲げており，クルマの電動化の流れは進んでいます。

　HKSでも電動化に向けた研究開発はすでに進めており，ハイブリッド車向けにターボチャージャーの開発技術を応用し，排気エネルギーを電気に変える「ターボジェレーター」の開発や，エンジン搭載車を電動車に換えるEVコンバージョン事業，そしてバッテリーの制御技術開発など，将来の電動車チューニングに向けた取り組みも行っております。

　一方で，石油など化石燃料の使用比率が高い日本では，バッテリー製造時のCO_2排出量が多く，well-to-wheelで考えるとまだまだ電気自動車は環境に優しいとは言えず，今後もハイブリッドやPHV車など，エンジンも搭載された自動車の普及は進んで行く状況でもあります。

　今後，自動車は自動運転などを利用した「移動するためのクルマ」と「運転や所有を楽しむクルマ」の二つに分かれていくと言われており，自動車メーカーは楽しむためのクルマの必要性も分かっており，スポーツカーの展開も強化してきています。

排気エネルギーを電気に変える「ターボジェレーター」

Advanced Heritageエンジン（日産RB26）

HKSは，チューニングの世界，モータースポーツの世界，そしてOEM業務など
で培った自動車工学の世界，それぞれの世界で獲得した技術を融合して，新たな
エンジンチューニングの提案を始めています。

　その一つは古いクルマを大事に乗る，所有するお客様の声を受け止め，旧
車のエンジンに最新の技術を取り入れてエンジンを高効率化する「Advanced
Heritage Concept（アドバンスドヘリテージ・コンセプト）」で，2021年1月に開
発着手の発表をしました。

　まずは，R32スカイラインGT-Rに搭載された，日産RB26エンジンをベースに，
600ps，WLTCモード燃費20km/Lを目標として，環境にも配慮した高効率エンジ
ンの開発を進めています。投入している様々な技術を，皆様にお知らせできる日
を楽しみにしています。

　そして，本書に書かれている内容は，このAdvanced Heritageエンジンにも生
かされているベース技術でもあり，四半世紀が経った今でもエンジンチューニン
グの基本となる技術・手法で，部品の軽量化，吸気管路抵抗の低減，フリクショ
ンの低減，燃焼圧力の増大，体積効率の向上など，どれも最新の高効率化技術の
元となっています。

　自動車メーカーや大学の研究室や研究機関では電動化に向けた動きと共に，
石油に替わるカーボンニュートラルな燃料として，再生可能エネルギー由来の水
素，そしてこの水素と主に産業プロセスで排出されたCO_2を触媒反応で合成した
e-fuel，その他メタネーションやバイオ燃料など，様々な燃料の開発を行い，エネ
ルギーのレジリエンス（強靱化）やセキュリティー確保を目指し，一つのエネル
ギーに頼らないサスティナブルな社会に向けた取り組みを実施しています。モー
タースポーツの世界でも，カーボンニュートラル燃料を使用する動きが出てきて
おり，今後益々開発が進んでいくことと思います。

　生産が終了したクルマでも，出力性能向上と共に環境性能を兼ね備え，将来に
わたって運転を楽しめるクルマづくり，そして発電動力としても有用な内燃機関
を今後も活用して行くために，本書にてエンジンの基礎，チューニングの手法を
学んでいただけると幸いです。

　最後に，チューニングエンジンの開発，これは，量産エンジンの開発や，レー
ス用エンジンの開発とはまた違った面白さがあり，そこには出力制限等のレギュ
レーションは無く，部品を自在に加工や補強をしたり，新たに作り替えたりと，
ベースエンジンの性能を最大限に引き出すことができるところも魅力で，その

2014年の人とくるまのテクノロジー展にて。右から4番目が長谷川浩之社長（当時）、右から2番目が筆者。

チューニングの発想は無限大です。

　私自身も自動車メーカー向けのエンジン開発で燃費や排ガス性能への適合開発を経験し，レース用エンジン向けの適合開発，そしてレギュレーションの無いチューニングエンジンの開発を経験し，それぞれの開発で得た知見がまた新たな発想に繋がっています。

　そして，この全ての経験を「そうか。じゃあやってみろ」のひと言で，導いてくださった長谷川社長，そして今のHKSを築いてきた従業員全員に改めて感謝致します。有り難うございます。

はじめに

　この本は，これまでの20年以上にわたるエンジンチューニングに関する私の知識と経験をもとにまとめたものである。エンジンの性能追求に対する意欲と興味が，その間の私の行動を支えてきた。その成果をまとめ，エンジンに対する興味を多くの人にもってもらいたいと思い，仕事の合い間に書き進めたが，いってみればこれは中間報告であり，チューニング技術にはこれでいいというところはなく，その先がいくらでもある世界である。

　自動車エンジンは百数十年の歴史があり，欧米や日本の技術者によって磨きに磨かれて今日ある姿になっている。その間，加工技術や材料の進歩，社会のニーズなどで進歩が促され，エンジンの設計やつくり方，さらにはそのチューニング法も大きな変化があった。しかし，吸入，圧縮，燃焼（膨張），排気という4サイクルエンジンの原理や性能向上のための考え方は，基本的にはまったく変わっていないといっていい。

　もちろん，そうはいっても，チューニングの方法はその時代におけるアプローチの仕方がある。OHVやSOHCエンジンが主流であった時代では，シリンダーヘッドの大改良がエンジンチューニングの究極のものであった。ところが，いまやDOHC4バルブエンジンが量産で当たり前の時代となり，電子制御技術の実用化，設計段階における有限要素法やCAEの採用などにより，エンジン各部はかつてのチューニングエンジン以上の精度と無駄のないものに仕上げられている。新しい時代には，新しいチューニング法が求められているのである。

　その意味では，チューニングアップすることは，これまで以上にむずかしくなっているといえるかもしれない。しかし，いくらよくできたエンジンでも，量産を前提にしたものでは，マニアの好みに合ったドライビングやレース用に使用するには無理がある。われわれはそうした人たちの要求にできるだけ応えようと努力してきた。その考え方ややり方に関して，できるだけ分かりやすく，実際に即して解説することを心がけた。それによって，HKSがどのように考えてチューニングし，チューニングパーツを世に送り出しているか理解していただければ幸いである。

　エンジンチューニングに関する本の執筆をグランプリ出版から依頼されたのは，今から10年以上前のことである。いったん引き受けて書き始めたものの，仕事の忙

しさで頓挫してそのままになっていた。辛抱強く待っていただき，ようやく完成に漕ぎ着けることができた次第である。この本の内容は，もちろん私ひとりのものではなく，HKSに関係する多くの技術者や研究者，さらには直接面識はないが，技術論文や研究発表された方々の研究成果に負っている部分がたくさんある。ここにそれらの方々に感謝する次第です。また，この本をまとめるにあたって，図面や写真の手配などは，社員の植沢勉，高橋功の両君などにお世話になったことを記しておきたい。

長 谷 川 浩 之

目　次

創業者　長谷川浩之氏とHKSについて／水口大輔

1. チューニングの方法と目的

　近年，量産エンジンの性能は著しく向上し，各部品の精度もよくなり，かつての
レーシングエンジンに近いきめ細かさをもつものも出現してきている。最近のエン
ジンは最先端技術が随所に採用されており，チューニングするにあたっては，それ
を充分に踏まえて行う必要がある。

　エンジンをチューニングすることは，使用目的を限定することによって，目的と
する性能をフルに発揮させ，ドライブする個人の要求に合わせることである。言葉

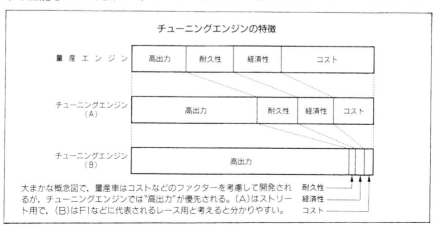

チューニングエンジンの特徴

大まかな概念図で，量産車はコストなどのファクターを考慮して開発され
るが，チューニングエンジンでは"高出力"が優先される。（A）はストリー
ト用で，（B）はF1などに代表されるレース用と考えると分かりやすい。

ニッサンVGエンジンとVQエンジンの比較

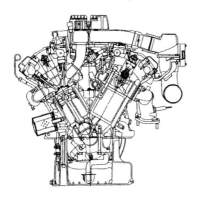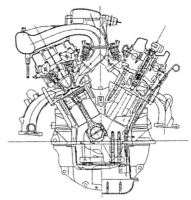

左は1981年発売のニッサンVG30エンジン。国産初のV6エンジンであったが，94年に開発されたVQエンジンは同じV6でも大きな進化を見せている。同じV6エンジンでもすべて新設計で新世代エンジンといっていい。

VQエンジンのクランクシャフト（下）はクランクピンやクランクジャーナルの径，カウンターウエイトの形状などが変わっている。

VQエンジン用のコンロッド（下側）は従来のVGエンジン用より大幅に軽量化されているのが分かる。

を換えていえば，不特定多数の人たちを対象にしたエンジンを，特定の人のためにつくり変えることである。量産を目的としたエンジンのままでは，特別な使い方をするにはふさわしくないのは当然である。しかし，こうした特別な目的に応じてエンジンをつくるのは，自動車メーカーの仕事ではない。そのために，量産エンジンをベースにしてチューニングすることになる。

　本当は，その目的に合ったエンジンを最初から新しくつくることが理想かもしれないが，かかる費用と時間の膨大さと，それによって得られる効果とを比較すれば，ノーマルエンジンを改良するほうがずっと効率がよい。

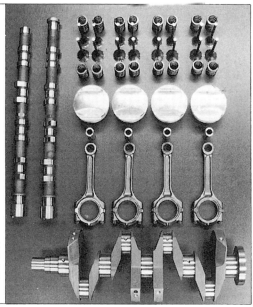

レース用エンジンの主要運動部品

レース用エンジンはレギュレーションに合致したチューニングが行われる。ここに上げられた部品は、性能に大きく関係するものなので、いずれもノーマル用の改造ではなく、新しく設計製作されたものである。

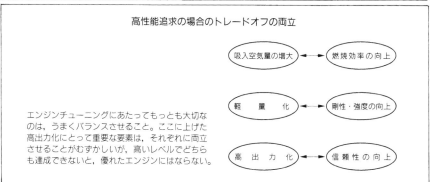

高性能追求の場合のトレードオフの両立

吸入空気量の増大 ←→ 燃焼効率の向上

軽量化 ←→ 剛性・強度の向上

高出力化 ←→ 信頼性の向上

エンジンチューニングにあたってもっとも大切なのは、うまくバランスさせること。ここに上げた高出力化にとって重要な要素は、それぞれに両立させることがむずかしいが、高いレベルでどちらも達成できないと、優れたエンジンにはならない。

　チューニングするには、効率のよさが重要であり、それを踏まえて性能向上を図ることが技術である。

　要求される性能を達成するにあたって、トレードオフの関係にある条件がたくさんある。耐久性を上げるとすれば、高出力、高回転化はむずかしくなる。軽量化すれば高回転化を達成することが可能になるが、それと引き替えに耐久性が落ちることになる。また、同じ排気量で最高出力を上げていけば、低速トルクがやせてくる。こうなると、頻繁にシフトチェンジをくり返して、ピークパワー近くのエンジン回

転域を使うドライビングを心がけなくてはならない。あまり使いやすいエンジンにはならない。街中の走行で使いやすいエンジンは，高速走行では不満が残ることになるが，量産エンジンはコストを勘案しながら，あるレベルで妥協を図ってつくられたものである。

　したがって，ある目的に応じてチューニングすると，そのほかの機能を犠牲にせざるを得ない。しかし，トレードオフの関係にあるからといって，耐久性を無視したのではトラブルは必ず起こる。理想は，その両立であるが，そう簡単に達成できるはずがない。

　チューニングは，その目的を明確にした上で，全体のバランスを考えて方向を決めることである。つまり，軽量化する場合，ノーマルエンジンでできなかった駄肉や力のかからない部分を削ることで，耐久性を悪化させることはほとんどない。その領域を超えて軽量化を図るとき，耐久性の悪化と性能向上のバランスをどうとるのかが問われる。この際，目的が明確なら，どこまで軽量化したらよいか方針が決まってくる。

　しかし，そう簡単ではない問題がある。パワーアップするということは，大量の空気を吸入し，急速燃焼させることで，燃焼圧力を増大させることである。当然，高回転化することが高性能化に大きく寄与するが，それを達成させるためにはエンジンの剛性が保たれていなくてはならない。各部が正確に機能するためには変形が起きてはならず，がっしりと支え，運動する部品は正確な運動をし，ガスやオイルのシール性もきちんと保たれていなくてはならない。それを阻害する軽量化を行っては，エンジン性能を発揮することができない。性能向上を極限まで追求することは，ノーマルエンジンとはまた違った意味でのトレードオフの関係にある部位の両立を図るという，かなり困難な技術追求を行うことになるのである。

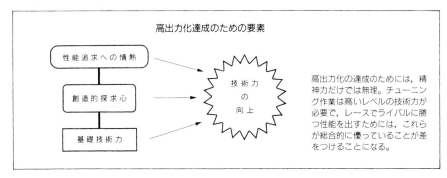

高出力化達成のための要素

性能追求への情熱

創造的探求心

基礎技術力

技術力の向上

高出力化の達成のためには，精神力だけでは無理。チューニング作業は高いレベルの技術力が必要で，レースでライバルに勝つ性能を出すためには，これらが総合的に優っていることが差をつけることになる。

とはいえ，天才的なエンジニアでなくてはチューニングエンジンはできないわけではない。むしろ，性能向上への執念ともいうべき情熱が大切である。そういうと，何やら精神性を重視したものに聞こえるかもしれないが，実際に必要なのは，物理現象に対する真摯な態度，エンジンに対する理解度と柔軟な技術的追求，そのための行動力であると私は考えている。

［ チューニングを進める上での大切な態度 ］

では，チューニングの実際的な話に入る前に，私が大切にしているチューニングに対する考えについて述べることにしよう。

前にも触れたように，エンジンのチューニングとは，使用条件を限定し，その目的に合わせた性能を発揮させる作業である。そのために，エンジンがどのように成立し，何が求められているかを常に頭の中におき，そこを出発点にする。チューニングする側の基本的な心がまえについて列挙すると以下のようになる。

①自然の摂理，基本に忠実であること

燃焼室の中でどのような現象が起きているかを考えてみよう。吸入された混合気が，圧縮されて点火，爆発することでピストンが下降し，クランクシャフトの回転がパワーとして取り出される。空気の流れや燃焼は，自然現象そのものである。パ

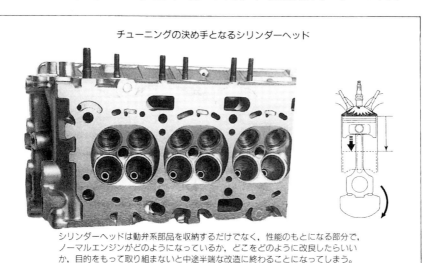

チューニングの決め手となるシリンダーヘッド

シリンダーヘッドは動弁系部品を収納するだけでなく，性能のもとになる部分で，ノーマルエンジンがどのようになっているか，どこをどのように改良したらいいか，目的をもって取り組まないと中途半端な改造に終わることになってしまう。

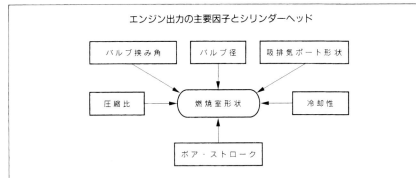

エンジン出力の主要因子とシリンダーヘッド

バルブ挟み角　バルブ径　吸排気ポート形状

圧縮比　燃焼室形状　冷却性

ボア・ストローク

燃焼室の改良も，吸排気ポートや主運動部品の形状その他との関連で進めていく必要がある。燃焼という可視化のむずかしい現象が相手だけにダイナミックに，しかも精密に実行していかなくてはならない。性能を決める重要なポイントは燃焼室形状。その形状はバルブ挟み角で方向づけられるが，吸入空気量をふやすためのバルブ開口面積の増大や吸排気ポートの形状など，主としてシリンダーヘッド側の在り方で左右される。

ワーを出すためには，流れがスムーズで完全燃焼することを目指す。その自然現象を阻害する事態をできるだけなくすことが大切である。

　同様に，燃焼した熱をどう伝達するかも自然の摂理にしたがった方法を講じなくては目的を達成できない。そのときどきで，自分が空気になり，混合気になり，冷却水通路を流れる水となり，あるいは潤滑するオイルとなり，ときには燃焼する炎となってエンジンの中でどう流れて，どういう状態になっているかを頭の中で想像し，どうなることが理想か，あるいは快適でスムーズであるかを考えてみることが大切である。

②優先順位をつけ，効率を大切にすること

　次に，目標を達成するための時間や費用には，どんな場合も限りがあることをよく認識すべきである。したがって，目的をより短時間で，しかも少ない費用で達成することを心がける必要がある。そのためには作業内容の優先順位をはっきりつけ，それにしたがって作業を進めることだ。

　燃焼室の形状を検討することが先か，吸入効率を上げることから始めるかは，目的とエンジンの素性などによって異なってくる。どこをどのように改良すれば，その影響がどんな形で関連部分に及ぶかの認識がないと，求める性能達成のための有効な手段がとれない。優先順位を決めなくとも，思いつくままに作業を進めていくことはできる。しかしそれでは時間の無駄遣いである。

　エンジン性能は，ガソリンエンジンの発明以来，数多くの技術者たちの努力で向上してきており，その上に立ってチューニングするのであるから，先人たちへの礼

儀としても，エンジン性能向上にとって重要な部分を見付け出し，目的に向かって効率よく作業をしなくてはならない。少なくとも自分が現在している作業が，エンジン性能にとってどんな影響を及ぼすのかという認識がなくては，正しいチューニング作業を進めていくことができないはずである。

③セオリーや固定概念にとらわれないこと

　シリンダーヘッドやブロック，ピストンやクランクシャフトなど，それぞれのパーツが生産車用エンジンで，どのような形状になっているかよく見る。ときには，

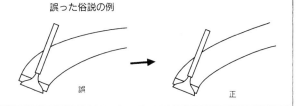

誤った俗説の例

吸入ポートはスロート部で広くなったほうが空気が大量に入りやすいと信じられ，ポート形状が広げられたことがあったが，現在では逆に若干絞られている。　誤　正

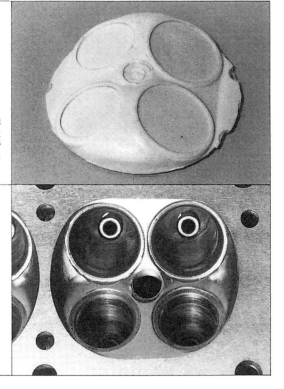

シリコンで再現された燃焼室形状

燃焼速度を速めるためにはどのような形状にしたらよいか。吸入効率を上げるためにバルブ開口面積を大きくしたほうがいいが，そのために吸気が干渉することはないかなど，実物モデルで検討する。

実際にチューニングされた燃焼室

スキッシュエリアを大きくし，コンパクトになった燃焼室。チューニングのノウハウがここに結集されているといっても過言ではない。

水の通路がどうなっているか，エンジンを実際に切断して調べる必要がある。それ
ぞれの部分がそうした形状をしているには理由があるはずだ。チューニング作業を
する場合，現在ある形状が最上のものであるという認識を捨て，もっとよい形状に
ならないかを追求することが肝心だ。〝こんなものでいいのではないか〟と思ったと
たんに，性能向上への情熱が失われ，結果として低いレベルでチューニング限界を
設定していることになる。たとえば，ピストンひとつとっても，高性能を追求した
ような形状になっているからという理由で，それに似たものしかつくらないとした
ら，それらを超える性能のものにすることは不可能だ。うまくいって，それらに近
い性能を出すのが精いっぱいである。

　なぜそのような形状になっているか，どのように改良すれば性能向上するか，で
きるだけ妥協しないできめ細かく改良箇所を探していく。

　さらに，一般に正しいと思われていることも疑う必要がある。というのは，正し
いと思われていることも条件が異なれば正しいことではなくなる場合が往々にして
あり，また，実際には最初から間違っていることもあるからだ。理に合わない俗説
が案外流布されていて，チューニングする場合にそれがセオリーであるかのように
信じられていることがある。たとえば，吸入ポートは太いほうが空気が大量に入る
のでいいといわれるが，本当にそうだろうか。ポートの曲がり方やポート断面積の
変化の仕方，バルブ径の寸法やリフトなどによって，ポート形状の最適な太さは異
なってくる。まして，混合気が燃焼室に入って急速燃焼しやすいように渦流をつく
ることまで考えれば，ポートの改良は従来からいわれているセオリーどおりでなく，
いろいろと工夫する余地がある。

　考え方によっては改良の余地は無限である。柔軟な発想で最適な形状を見付ける
努力をすることが，チューニング作業を進める上で大切なことである。やみくもに
手を加えるのではなく，自分で立てた仮説に基づく改良を行い，それを実験によ

**吸排気ポート形状点検のための
シリンダーヘッド部のカット**

ノーマルエンジンの吸排気ポートがどう
なっているか，ハイポートにするための
障害はどの程度か。このように実際のエ
ンジンをカットして方法を見付けていく。

り検証して次のステップに進むという科学的なアプローチをすることが必要である。

④スペック主義に陥らないこと

　エンジンの最高出力値が高いことが，高性能エンジンの目安となっている。レース用エンジンの場合は高出力・高回転化が大切だから，どこまでエンジン回転を上げられるかは技術的に追求する価値のあることだ。しかし，それは性能をはかる目安であって目的ではない。いくら最高出力が高くても，使用回転領域が狭く，トルクがやせたエンジンでは，たとえレース用といえども戦闘力のあるエンジンとはいえない。エンジン性能は，あくまでもレーシングマシンや自動車に搭載されて走行した状態で，どれだけのポテンシャルを発揮できるかで決めるべきものである。エンジンといえどもクルマの部品のひとつであり，エンジンそのものが走るわけではないのである。

　同じ性能ならエンジン重量が小さければ，クルマ全体としての性能はよいことになる。たとえエンジン出力はわずかに劣っていても，軽量コンパクト化されたエンジンであれば，そのほうがポテンシャルのあるものという評価になる。同じように最高出力では劣っていても，トルクが太くてレスポンスのよいエンジンであれば，

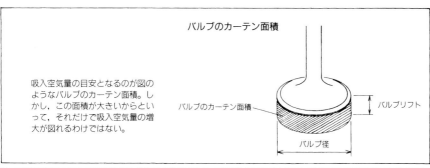

バルブのカーテン面積

吸入空気量の目安となるのが図のようなバルブのカーテン面積。しかし，この面積が大きいからといって，それだけで吸入空気量の増大が図れるわけではない。

バルブのカーテン面積

バルブリフト

バルブ径

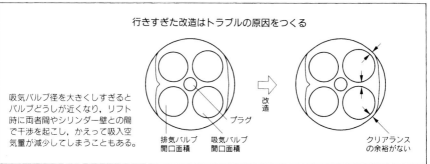

行きすぎた改造はトラブルの原因をつくる

吸気バルブ径を大きくしすぎるとバルブどうしが近くなり，リフト時に両者間やシリンダー壁との間で干渉を起こし，かえって吸入空気量が減少してしまうこともある。

プラグ

排気バルブ開口面積

吸気バルブ開口面積

改造

クリアランスの余裕がない

モーターサイクル用の吸排気バルブとピストン

サーキットのラップタイムはよいことがある。

　エンジンのチューニング過程でも，スペック主義に陥らないことが大切だ。たとえば，吸入空気量の多さの目安として，バルブのカーテン面積という概念がある。バルブがリフトしたときのバルブ開口部の円周状の燃焼室内における面積で，吸入空気量の目安となるものだが，バルブ径が大きく，バルブリフトが大きければ，バルブカーテン面積は当然大きくなる。そうなれば吸入空気量は増えると考えられる。確かにそういう面はある。だからといって，カーテン面積を大きくすることに目を奪われては，エンジン性能を向上させない方向に進んでしまうことがある。必要以上にバルブの開口面積を大きくするとバルブどうしやシリンダー壁と干渉を起こして，逆に吸入空気量が減少してしまうことさえある。そのエンジンに合ったバルブ径があり，いろいろな制約からくるバルブリフト量以上に大きくしても，性能向上は図れない。そのあたりの見きわめをした上でカーテン面積をどうするか決めなくては意味がない。

　最高出力にしてもバルブのカーテン面積にしても，そのデータは単に数字にすぎず，エンジンチューニングの過程で，あらゆる条件を考慮して決められたスペックであって，それだけを重要視する意味はない。数字やスペックに現われない性能，クルマに搭載して走らせた状態でのエンジンの能力が問われていることを忘れてはならない。

⑤全体のバランスを考え，相乗効果を求めること

　エンジンはそれぞれに個性があり，その条件に合った最適値は同じものにならない。条件が違えば答えが違うのである。それは，エンジンの部品のすべてが，それぞれに必要不可欠なもので，多かれ少なかれお互いに関連し，影響を及ぼし合っているからだ。したがって，ひとつの部品の改良にあたっても，全体のバランス，と

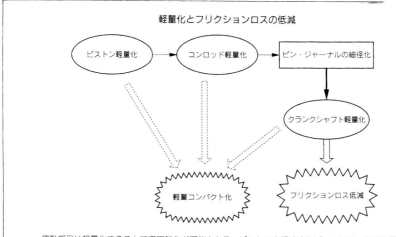

軽量化とフリクションロスの低減

運動部品は軽量化することで高回転化が可能となる。ピストンを軽くすれば，コンロッドの軽量化も可能になる。しかも，ピストンピンやメインジャーナル径を細くするなどによりフリクションロスの低減が図れれば，軽量化によるメリットはさらに大きくなる。

くに関連する部分にどのような影響があるか，それがプラスかマイナスかを考慮する。たとえば，ピストンの軽量化を図ることは高回転化のために必要なことであるが，そのプラス面をもっと大きくできないかを考える。ピストンが軽くなれば，コンロッドの重量も減らすことができるし，それによってクランクピンやメインジャーナル径を細くすることが可能になる。こうすると，後に詳しく述べるが，フリクションロスを減少させることができる。こうして，ピストンの軽量化による性能向上の相乗効果を生むことが可能となる。性能向上は，こうしたがめつい追求をしていかなくては達成できない。

⑥計測や実験によって効果を確認すること

　チューニングしたことが，どのような効果を生むかをチェックすることは必須である。こうした検証をしないで性能が向上したと思うのは大きな間違いである。データとして性能向上が確認されなくては，その改良が正しかったかどうか判断できないし，それがベストなものかどうか追求することができない。

　そのための試験や計測は，チューニングにとって大切な作業である。そのチェックは，人間の目や耳で確かめることができるものから，計測器を使用してデータをとるもの，あるいはエンジンダイナモ（台上）試験をしてトルクの出方を調べ，それから推測するという大がかりな作業となるものまである。

ダイナモ試験におけるデータどり

ダイナモ上のエンジンは，そのまま吸気系など仕様を変更，それによってトルクの出方がどう変わるかなど最適なセッティングを見付けることが大切である。

ダイナモ上で性能を測る
チューニングエンジン（F3用）

各部をチューンしてダイナモ上に載せられたF3用エンジン。実際に行ったチューニングがどの程度効果があったか，エンジン回転によってトルクがどのように出るかデータをとる。

テストのためにダイナモ上で
F3用エンジンの整備

ダイナモ上ではそれぞれのエンジン回転時における正味平均トルクを知ることができる。改良が加えられたエンジン性能はどうか，常にデータをとって点検し，さらに性能アップが図られなくてはならない。

　チューニングは，エンジン技術の科学的な追求によってなされる作業であるから，理詰めによる性能追求とその検証とが一体になっていなくてはならない。そのデータどりに関しては，"フィッシュフックカーブ"を描くように，改良する条件を変えたデータをくり返してとり，その中で最適なものを探すことが大切である。図で見

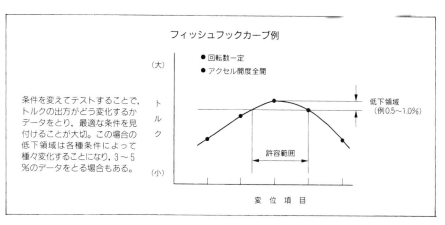

フィッシュフックカーブ例

● 回転数一定
● アクセル開度全開

（大）
トルク
（小）

低下領域
（例 0.5～1.0%）

許容範囲

変位項目

条件を変えてテストすることで、トルクの出方がどう変化するかデータをとり、最適な条件を見付けることが大切。この場合の低下領域は各種条件によって種々変化することになり、3～5%のデータをとる場合もある。

るように、横軸に変位項目をとり、縦軸に性能的な効果を数値化したトルクをとる。たとえば、カムの開度をずらしてみる場合、基準点でのトルクの大きさをまず測り、次に何度かずらしたときの変化をみる。こうしてポイントをとって、それをカーブでつなぐと、上昇する度合いが分かる。この場合、ピークがどこにあるかを見ることが大切だ。どこまでずらせばトルクが下降するかを探ることによって、ピーク点がどこかを見付け出す。そこがその条件の中での最適値であることが分かるからだ。フィッシュフック（釣り針）はピークポイントを中心に前後が下降したグラフがそれに似た曲線であることからこう呼ばれている。

〔チューニングする目的〕

　チューニングとは、日本語でいえば〝調教〟することであり、調子を整えることを意味するが、性能向上をすることはチューニングアップといわれる。ベースとなる生産型エンジンの性能を上げて、ドライビングやモータースポーツ用に仕上げることである。量産エンジンをもとに、手間ひまかけて各部を改良するわけだが、その方法や目的は多岐にわたっている。
　実際にカタログ値以上の性能を出すために、生産パーツにちょっと手を入れるものから、生産のシリンダーブロックを利用しただけで、シリンダーヘッドをはじめとして、主要部品のほとんどを新設してまったく新しいエンジンにつくり変える大がかりなチューニングまである。したがって、F1用エンジンからストリート用エンジンまで言及することになるが、シリンダーブロックだけを流用（もちろんそれらも

21

全日本ツーリングカー選手権に出場
するHKSチューンのオペル

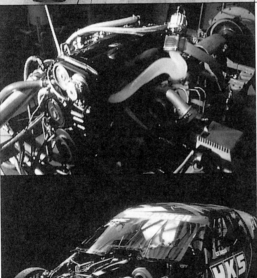

チューニングパーツを組み込んだR
B26DETTエンジンのベンチテスト

ドラッグレース用ツインターボエン
ジン搭載の180SX（カウルをはずし
たもの）

手を加えるが）した高出力エンジンの場合には，まったく新しいエンジンを開発する
のと同じといっていい。そこまでいかなくとも，シリンダーヘッドの改良や，動弁
系や主運動部品を新設することになれば，チューニングとしては大作業となる。当
然のことながら，それだけ時間とコストがかかり，チューニングする技術者たちの

F3用2ℓエンジン

三菱4G93BエンジンをベースにF3用に
チューニングされたエンジンは，日本
だけでなくイギリスF3レースでも活
躍している。上部に取り付けられたコ
レクタータンクの吸入孔が規則によっ
て制限されている。

能力が問われることになる。

　チューニングする場合，そのエンジンをどのように使用するか，つまり目的によ
って作業内容が異なる。大きく分けると，①サーキットレース用，②ラリー用，③
ジムカーナ用，④ストリート用，⑤ドラッグレース用になる。

　同じサーキットレース用でも，ツーリングカー用かF3000やF3用かといったレー
スカテゴリーによっても，チューニングの度合いが異なる。また，レース用では出
場するカテゴリーによって，チューニングできる範囲が細かく規則で決められてい
るから，それにしたがって改良しなくてはならない。

　もっとも自由度が大きいのはF1用エンジンで，最大12気筒までで排気量が3.0ℓ
以下という以外は材料や改良箇所に制約が加えられることがあまりない。一方，F
3エンジンになると市販エンジンのシリンダーヘッドやブロックを使用し，チューニ
ングの範囲は限定され，コンロッドなどもチタンを使用することは許されない。市
販といっても，年間5000台以上生産され，JAFによってホモロゲーションを取得し
たクルマに搭載されたエンジンを使用することが前提である。技術的追求に関して，
できるだけコストをかけない範囲でやるという思想で規則が決められ，コストに糸
目をつけないF1用とはおのずからエンジン開発やチューニング作業に対するかまえ
が異なる。

　レース用にチューニングする場合は，出場するカテゴリーのレースの車両規則を

HKSチューンのオペルのボンネット内

横置きに搭載されたエンジンは, 前方で吸気, 後方から排気するように生産車とは逆になっており, これによってエンジン搭載位置が低くなっている。

よく検討することから始める。シリンダーヘッドの改良はどこまで許されているか, ポートの改良はどうか, ターボチャージャーの装着が可能かなど改良項目を洗い出す。その上で目標の性能を決めて, 具体的にどのような改良をどの部分に加えていくか検討する。規則によって制約が多い場合, 確かにＦ１エンジンの開発よりコストはかからないだろうが, 同じ条件の中で性能面で優位に立とうとすれば, それだけ技術力が問われることになる。

また, 出場する競技の内容にマッチしたエンジンにすることが大切である。当然のことながら, レース用とラリー用ではエンジンの使われ方が異なる。使われるエンジンの回転レンジに大きな違いはないものの, レースよりラリーのほうがアクセルコントロールする度合いが多い。サーキットではグリップしてコーナリングしていくが, ラリーでは多くの場合, アクセルコントロールでコーナリングする。エンジンブレーキを多用し, レスポンスがよいことが重要である。もちろん, サーキットレース用でもエンジンブレーキは使い, レスポンスのよさが求められるが, ラップタイムの向上のためにはパワー/トルクの向上が優先される。

HKS4G93B改良エンジン
搭載のF3マシン

ドラッグレース用の
スカイラインGTR

ストリート用チューンを施
したスカイラインGTR

　一方，ドラッグレース用ではミッションも2〜3速までしか使わず，エンジンブ
レーキも必要ない。シフトする時間を短くして，ひたすら低速からの大トルクのエ
ンジンが求められる。しかも，ノーマルエンジンでは10万kmを超える耐久性が求め
られるのに対し，ドラッグレースでは，極端ないい方をすれば400m走り切れるエン
ジンであればいいのだ。ターボ装着の場合は，フルブーストまでの時間は極力短く
する。ターボラグが大きくては致命的となるから，エンジンの圧縮比を高くし，過
給圧を高くするのは考えものだ。
　ストリート用チューニングでは，ユーザーが何を望んでいるかが第一である。ド

GTR用のターボ関連
チューニングパーツ

エンジンからの排気がスムーズにコンプレッサーに入るように、またブレードをまわした排気が抵抗なく排出されるように細部にわたって改良が加えられている。

ライビングの楽しさを得るためにレスポンスの向上を優先するか、ターボエンジンの大トルクを得ることが望みか、などである。とくにノーマルのターボエンジンの場合は、高回転までまわすとタービンの排圧が上がりすぎて、排ガスの流れが悪くなる傾向がある。排ガスがスムーズに出ていかないとターボまわりの温度が上がり、エンジンのトルクが高回転域で頭打ちになる。

　こうした事態をなくすには、排気系の形状を見直すことがまず第一である。インタークーラーを含めたパイプ類のとりまわしや排気マフラーの形状を改良するだけで、出力は同じターボ装着のものでもノーマルエンジンと比較して20psという単位で向上する。当然、高回転時の伸びがよくなる。もちろん、ターボエンジンであっても、吸気系や燃焼室形状などの見直しをすることで性能向上を図ることが本筋であるが、そこまでやるにはコストがかかるから、もっとも効果的な排気系を中心に見直すことがストリート用ではまず必要である。

　NAエンジンのチューニングでは、第一に見直すべきなのは、吸排気ポートである。最近のエンジンのポートは空気の流れをよくするような配慮がなされるようになってきたが、なかには流れの悪いものがある。これを改善するだけでかなりなトルクアップが見込まれ、エンジンのフィーリングは大幅に違ってくる。さらに、レスポンスをよくしようと思えば、軽量化されたピストンなどを組み入れ、高回転時での性能向上を図ることになるが、これらについてはそれぞれの項目で詳しく述べることにしたい。

　かつてはピストンやコンロッドを交換しただけでチューニングの効果が上がるように考えられたが、市販エンジンそのものの性能が向上している今日では、こうし

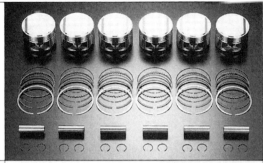

スカイラインGT-R用のピストン
関連チューニングパーツ

ターボチャージャー装着が前提となっ
ているので，ピストンは強烈な燃焼圧
力に耐えられるように鍛造製で，ピス
トンピンの軽量化も図られている。

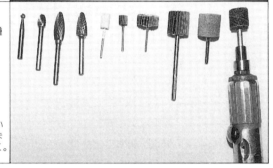

各部を研磨するために使用する
リューターとペーパーフラップ各種

シリンダーヘッドの深いところは柄の長い
ペーパーフラップを使用して研磨する。ま
た，パーツや部位によって使い分けて磨く。

た運動部品を交換した場合には，関連した部分も一緒に見直して相乗効果を上げな
くては意味がない。チューニングの第一歩はポート研磨といわれた時代もあったが，
いまではそれは当然の作業のひとつであって，ポート形状の見直しのほうがはるか
に重要であり，積極的なチューニング作業である。

　現在の量産エンジンは，燃費のよさが重視されるようになって，結果として効率
のよい，使いやすいエンジンになっている。かつては，ラインで生産されるエンジ
ンは，工数を減らしてコストを抑えることが優先され，手作業を要するようなバラ
ンスのよさが考えられたものになっていなかったが，出力/トルクの向上と燃費性能
の両立を図ることが求められる現在のエンジンでは，生産技術が進歩したため各パー
ツの重量，大きさ，クリアランスなどもコンピューターを駆使して組み合わせが
検討され，バラツキや許容誤差が小さくなってきている。したがって，チューニン
グする場合は，それぞれのエンジンのもっている特性をよく検討し，量産ではでき
ない性能向上を積極的に目指していくことになる。そのためには，エンジンに対す
る専門的知識や深い洞察力が要求される。

　それぞれのエンジン特性を理解するということは，エンジンによってチューニン

グの仕方が異なることを意味する。個々のエンジンに合ったチューニング法を見付けていくことが，作業を行う第一歩である。しかも，ファインチューニングするためには，トライアンドエラー方式以外にやり方はない。正しいと思う作業をした後で，それが本当によかったのかどうかテストして確認していかなくてはならない。チューニング作業は，経験と直感力を大切にし，技術の応用力の問題ともいえるのだ。

〔チューニングするエンジンの素性〕

　性能向上を図るには，ベースとなるエンジンをどこまで改良できるかによって限界がある。前述したように，ストリート用のターボエンジンであれば，搭載されたエンジンを効率よく改良することが中心となるが，F3などのように，市販エンジンをベースにしてチューニングする場合は，どのようなエンジンを選ぶかが重要になってくる。ここでは，ポイントになる項目について見ていくことにしたい。ただし，これはあくまでも目安であって，実際のチューニング法はエンジンによって異なり，それぞれチューニング技術でカバーしていかなくてはならず，それもチューニング

排気量アップに伴う課題

ボアアップを図る場合
- シリンダーの肉厚に余裕があるか。
- オーバーサイズの適当なピストン及びピストンリングがあるか。
- レギュレーションの範囲内であるか。
- 絶対馬力をどこまで上げるのかによって，バルブ径の拡大を図る。
- 高回転・高出力化を目指す。
- 冷却性能に余裕はあるか。

ストロークアップを図る場合
- 総排気量を増加させたい（ボアアップが不可能なので）。
- シリンダーの全高が充分であるか。
- クランクシャフトは流用か，新設か，改造か。
- ピストンのハイト及びコンロッドの組み合わせの検討。
- シリンダーブロックのスカート部とコンロッドの干渉チェック，余裕はどうか。
- 最高回転数はどうか。ピストンスピードとの関係チェック。
- フリクション低減についてはどうするか。

の重要な作業なのである。

①ボア・ストローク比

　ご存じのようにショートストロークエンジンのほうが高回転型であるが，チューニングする場合はボアとストロークの比率がどうなっているかも重要である。ノーマルエンジンがショートストロークの場合は，もともと高出力を目指しているので，全体のバランスもその方向で仕上げられている例が多い。注目しなくてはならないのは，どこまでボアアップが可能かチェックすることである。ボアとボアの間の肉厚に余裕があるか，アルミ合金ブロックであれば，圧入されているライナーを薄くできるかなど，ボアアップがどこまで可能か検討する。F3エンジンの場合，ベースとなるエンジンが1.8ℓであれば，排気量の上限である2ℓにするためにボアアップは目いっぱい行う。それでも上限に達してない場合はストロークアップを考える。

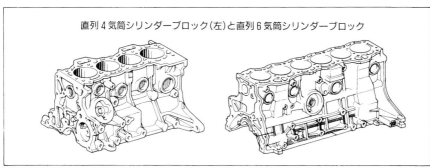

直列4気筒シリンダーブロック（左）と直列6気筒シリンダーブロック

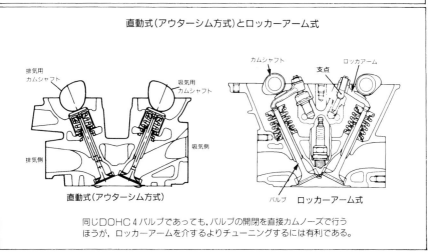

直動式（アウターシム方式）とロッカーアーム式

排気用
カムシャフト

吸気用
カムシャフト

吸気側

排気側

直動式（アウターシム方式）

カムシャフト

支点

ロッカアーム

バルブ　ロッカーアーム式

同じDOHC4バルブであっても，バルブの開閉を直接カムノーズで行う
ほうが，ロッカーアームを介するよりチューニングするには有利である。

最近のエンジンは，ボアに余裕のあるものはあまり多くない傾向だ。

②高回転化が可能なシリンダーヘッドかどうか

　いまやDOHC４バルブエンジンが一般化しているので，それが前提であるが，高出力型のエンジンでは熱負荷が大きいので，冷却性能についての配慮が行き届いている。チューニングするには圧縮比向上などを図る必要があるが，シリンダーヘッド内のウォータージャケットがどうなっているかで，ノッキングが起こりやすいかどうかの差がある。チューニングすることで熱負荷がさらに大きくなるので，冷却性能に余裕があるかどうかは気になる点である。また，カムシャフト駆動方式，バルブ開閉方式がロッカーアーム式か直動式かもチェックする。当然カムノーズが直接バルブリフターを押す直動式のほうがロッカーアームを介して押すものよりチューニングしやすいことが多い。

③シリンダーブロックの剛性があるか

　市販エンジンでは，軽量コンパクトを目指して設計されるようになっているから，剛性に関して余裕があまりないものがある。開発段階で有限要素法によって剛性をチェックし，余肉を排除することによってエンジン重量を軽減し，車両性能の向上を図る傾向がある。チューニングすることで燃焼圧力が増大すれば，エンジンブロックの剛性の確保は，重要である。とくにターボエンジンで過給圧を上げた場合は，剛性が充分でないとシリンダーヘッドガスケットの吹き抜けなどが発生するので，

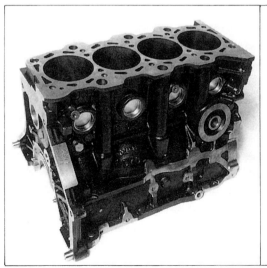

直列４気筒のシリンダーブロック

シリンダーブロックは主運動系部品の動きをスムーズに支えるように剛性が充分にあることが大切。現在の量産エンジンでも設計の段階から駄肉がないように配慮されているのでヘタな軽量化は禁物である。

チューニングすることができない。また，ストロークに対して，シリンダーブロック高さが一定以上確保されているかどうかチェックする。この高さがコンロッドの長さを確保できる要素になるから，ピストンの横揺れを防ぐためにも，コンロッドの長さはストロークの約2倍くらいは確保するほうがいい。

④ボア径と1気筒あたりの排気量容積

同じ排気量のエンジンなら，直列6気筒のほうが直列4気筒より1気筒あたりの排気量が小さくなる。基本的にはシリンダー容積が小さいほうが高出力化が可能であるが，エンジンをパッケージとして見た場合，軽量コンパクトであることが重要である。したがって，F3用エンジンであれば，6気筒は考えられない。

一方，コンパクトさを優先して1気筒の排気量がある限度を超えて大きくなっては性能向上の障害となる。大ざっぱな目安でいえば1気筒の大きさは500ccあたりが上限で，同じように下限は250ccあたりになる。1気筒あたり300～400ccくらいが好ましいところといえるだろう。

現在の市販エンジンでは1600～2000ccが主流で，直4，直6，V6などがあるが，ひとつのシリンダーのボア径は，大ざっぱにいって85～88mmあたりが多い。というのは，4バルブエンジンでは，プラグが中央にあり，これをレイアウトしてみると，このくらいの大きさのボア径のエンジンが寸法的にちょうどよいからである。プラグ直径14mm（M14）が一般的で中央に14mmの穴があき，このプラグ穴とバルブ開口部との間に，クラックが入らないように距離をとっていくと，4つの吸排気バルブがうまくおさまるボア径が85～88mmあたりであることが分かる。

以上は，チューニングする上での目安として述べたもので，どのようなエンジンであってもチューニングアップを図る余地はある。量産エンジンでは，狭いボンネット内におさめるための制約があり，それなりに性能向上させることは可能だ。しかし，大幅なチューニングアップを，なるべく効率よくコストの大幅な上昇を招かないで行おうとすれば，ノーマルエンジンの素性が重要になってくる。

2. 性能向上のための三大要素

　量産エンジンの場合は，出力性能もさることながら，耐久性，振動や騒音，燃費，クルマへの搭載性，生産コストなども重要なファクターとなり，それらとのバランスが考えられて設計される。チューニングするには，それらのうち出力性能を優先し，その他の性能を場合によっては犠牲にする。出力性能を極限まで求めようとすれば，耐久性をはじめとする出力性能以外の要素が大幅に犠牲になるわけだ。

　ここでは，具体的なチューニング作業や考え方に入る前に，出力性能を上げる三つの要素について考えてみたい。

　それは①吸入空気量の増大，②燃焼圧力の増大，③フリクションロスの低減であ

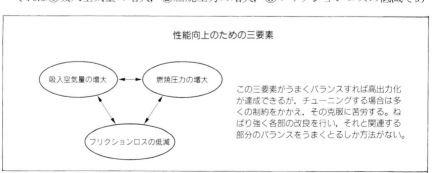

性能向上のための三要素

この三要素がうまくバランスすれば高出力化が達成できるが，チューニングする場合は多くの制約をかかえ，その克服に苦労する。ねばり強く各部の改良を行い，それと関連する部分のバランスをうまくとるしか方法がない。

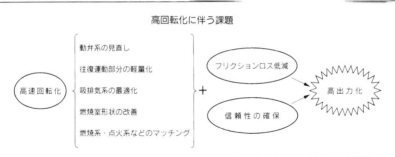

高回転化に伴う課題

高速回転化 →
- 動弁系の見直し
- 往復運動部分の軽量化
- 吸排気系の最適化
- 燃焼室形状の改善
- 燃焼系・点火系などのマッチング

+
- フリクションロス低減
- 信頼性の確保
→ 高出力化

高回転化することは，高出力化のための重要な手段であるが，回転を上げていけばそれだけ問題が出てくる。それらを解決しなくてはトラブルの発生する確率を高めているだけになりかねない。

**チューニングされた
エンジンアッセンブリ**

チューニングされたエンジンも，組み上げられると関係者以外にはどのように改良されているかうかがい知ることはできない。しかし，サーキットを走行すれば，加速，レスポンス，ストレートでの伸び，さらにはエキゾーストノイズなどから性能差が歴然と分かるものだ。

る。チューニングアップは，この三つの要素をそれぞれ高いレベルで達成させるための追求であるということができる。しかし，これらはお互いにトレードオフの関係にあったり，関連する部品同士による制約が大きかったりで，両立させることが困難なことが多い。その困難さに立ち向かうのがチューニングであると思えばいいかもしれない。

　分かりやすくいえば，燃焼室にできるだけ多くの空気を送り込み，それを効率よく燃やす。その熱エネルギーを運動エネルギーに換えてパワーを出すわけだが，その過程で多くの損失を生む。この中で排気損失などやむを得ないものを別にして，いわゆる機械損失をできるだけ小さくすることが大切である。従来からの高出力エンジンについての本では，吸入空気量の増大と燃焼効率をよくすることが中心となるが，実際にチューニングしていくと，フリクションロスをどれだけ小さくできる

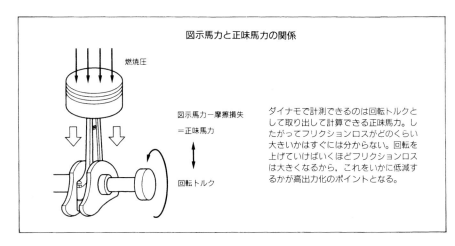

図示馬力と正味馬力の関係

燃焼圧

図示馬力ー摩擦損失
＝正味馬力

回転トルク

ダイナモで計測できるのは回転トルクとして取り出して計算できる正味馬力。したがってフリクションロスがどのくらい大きいかはすぐには分からない。回転を上げていけばいくほどフリクションロスは大きくなるから、これをいかに低減するかが高出力化のポイントとなる。

かが出力向上のカギといっても過言ではないのだ。

　吸入空気と燃焼は，出力向上の積極的な手段であり，フリクションロスの低減は消極的な手段であるという認識がかなり一般化しているようだが，逆にフリクションロスを減らすことのほうが積極的な手段であると考えるべきだと私は信じている。荷重がかかっているときは，変形して動いているのであり，それがフリクションロスを生んでいる。これを少しでも減らすことが重要で，関連する部品や部位のことを考えれば見直し変更箇所は，見方によっては限りなくあるといえるのである。

〔吸入空気量の増大〕

　ターボエンジンのように過給装置によって強制的に圧縮された空気をシリンダーに送るものを除けば，燃焼に必要な空気は，ピストンが下降することによって発生するシリンダー内の負圧で吸い込まれていく。

　4サイクルエンジンでは燃焼が行われるのはクランクシャフトが2回転，ピストン上下動が2回で1回の割りであるから，吸入される空気の量は，理論的には排気量×エンジン回転数×0.5ということになる。しかし，実際のエンジンではこの理論上吸入できる空気量より実際に吸入できる空気量は下まわってしまう。実際に吸入できる空気量に対して理論吸入空気量との比率をパーセントで表わしたものが体積効率で，量産エンジンでは100％を下まわっている。この体積効率を上げること，つまり100％以上の空気を吸入するようにチューニングするのが第一目標であり，これ

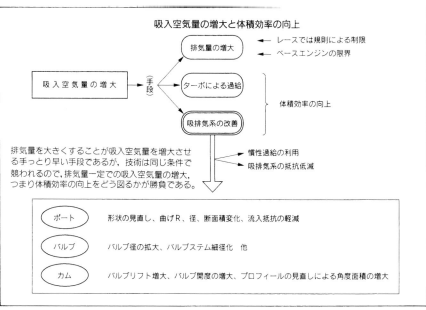

吸入空気量の増大と体積効率の向上

吸入空気量の増大 〈手段〉 → 排気量の増大 ← レースでは規則による制限 ← ベースエンジンの限界

→ ターボによる過給

→ 吸排気系の改善

体積効率の向上

排気量を大きくすることが吸入空気量を増大させる手っとり早い手段であるが，技術は同じ条件で競われるので，排気量一定での吸入空気量の増大，つまり体積効率の向上をどう図るかが勝負である。

→ 慣性過給の利用
→ 吸排気系の抵抗低減

ポート	形状の見直し、曲げR、径、断面積変化、流入抵抗の軽減
バルブ	バルブ径の拡大、バルブステム細径化　他
カム	バルブリフト増大、バルブ開度の増大、プロフィールの見直しによる角度面積の増大

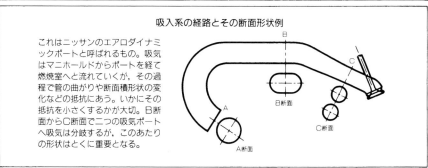

吸入系の経路とその断面形状例

これはニッサンのエアロダイナミックポートと呼ばれるもの。吸気はマニホールドからポートを経て燃焼室へと流れていくが、その過程で管の曲がりや断面積形状の変化などの抵抗にあう。いかにその抵抗を小さくするかが大切。B断面からC断面で二つの吸気ポートへ吸気は分岐するが、このあたりの形状はとくに重要となる。

がエンジンの高出力化の最大の課題である。

　体積効率を上げなくとも，排気量そのものを大きくすれば，吸入空気量をふやすことができる。そのために，レースではレギュレーションで決められた排気量の上限までアップするのは常識であるが，本当の競争はそこから始まるわけだから，体積効率の向上が何より大切となる。

　本来，100%入るはずの空気が入らないのは，途中が抵抗になっているからである。吸入空気量をふやすためには，エアクリーナーから燃焼室までの吸気系全体を見直す必要があるが，さらに積極的な策として脈動(慣性過給)の利用がある。吸気

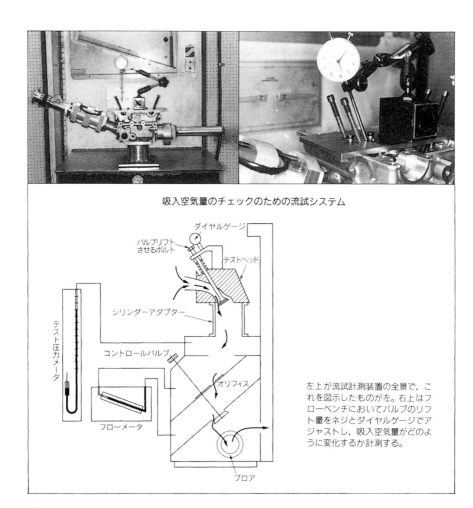

吸入空気量のチェックのための流試システム

ダイヤルゲージ

バルブリフトさせるボルト

テストヘッド

シリンダーアダプター

テスト圧力メータ

コントロールバルブ

オリフィス

フローメータ

ブロア

左上が流試計測装置の全景で、これを図示したものが左。右上はフローベンチにおいてバルブのリフト量をネジとダイヤルゲージでアジャストし、吸入空気量がどのように変化するか計測する。

管やポートの形状によって、高出力タイプにするか、レスポンスのよいエンジンになるかなどの差が出てくる。以下に、吸入空気量を増大させるための方法について考えてみたい。

①バルブ開口面積とバルブまわり

　燃焼室への空気の流入はバルブがコントロールしているから、そのバルブ数が多く、バルブ径が大きいことが有利である。いまや４バルブエンジンは主流であるから、バルブ数をふやすことはとくに考える必要がない。５バルブエンジンはバルブ開口面積は大きくなるが、３つの吸気バルブが開いている間にどのポートからも確

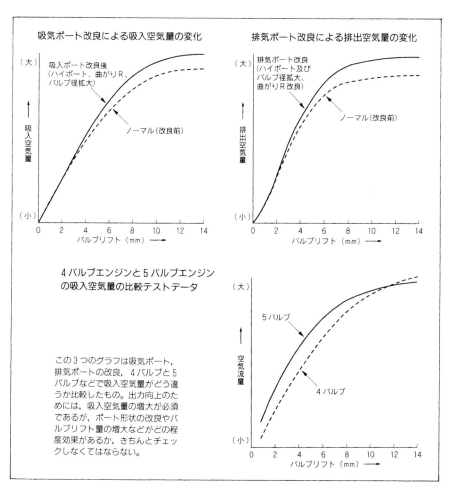

吸気ポート改良による吸入空気量の変化

吸入ポート改良後
（ハイポート、曲がりR、
バルブ径拡大）

ノーマル（改良前）

（大）

（小）

吸入空気量

バルブリフト（mm）

排気ポート改良による排出空気量の変化

排気ポート改良
（ハイポート及び
バルブ径拡大、
曲がりR改良）

ノーマル（改良前）

（大）

（小）

排出空気量

バルブリフト（mm）

4バルブエンジンと5バルブエンジン
の吸入空気量の比較テストデータ

この3つのグラフは吸気ポート，
排気ポートの改良，4バルブと5
バルブなどで吸入空気量がどう違
うか比較したもの。出力向上のた
めには，吸入空気量の増大が必須
であるが，ポート形状の改良やバ
ルブリフト量の増大などがどの程
度効果があるか，きちんとチェッ
クしなくてはならない。

5バルブ

4バルブ

（大）

（小）

空気流量

バルブリフト（mm）

実に空気が入り，それが燃焼室で効果的な流れとなるかという点で疑問がないわけ
ではない。とくにボア径が大きくなると3つのうち中央にある吸入ポートから空気
が入りづらくなる傾向があるようだ。

　肝心なことは，バルブが開き始めてから閉じ終わるまで，どのように空気が入り，
その量がどの程度ふえるかを知ることである。これは後に動弁系のところで見るよ
うに，カムシャフトのリフトカーブの見直しを図り，同時にバルブ傘部の形状が，
空気がシリンダー内に流れる過程で抵抗のない形状になっているか，シートリング
の形状はどうかなどもチェックする。

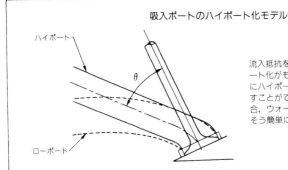

吸入ポートのハイポート化モデル

ハイポート

ローポート

θ

流入抵抗を減少させるためには，ハイポート化がもっとも有効である。図のようにハイポート化すれば吸入空気量をふやすことができるが，チューニングする場合，ウォータージャケットの存在などでそう簡単にできるとは限らない。

②ポート形状の見直し

　空気がスムーズに流れるためには，シリンダーへ入るポートの曲げ角度（R）がゆるやかなほうがいい。レース用エンジンの吸入ポートは，ストレートポートといわれるように曲げ角度をなくして抵抗を極限まで減らす努力をしている。生産エンジンのポートがどうなっているか，どこまで改善することができるかが，性能向上のためにきわめて重要で，この改良がキーポイントとなる。そのために，どのような形状にするかについては，シリンダーヘッドの部分で詳しく述べることにしたい。

③エアファンネル及び吸気マニホールド

　ストリート用ではエアクリーナーが取り付けられるが，これも抵抗が小さいほうがいい。レース用になると，エアファンネルが装着され，そこから外気を取り入れるが，その形状も吸入空気量の増大に影響がある。また，スロットルバルブの位置も，エンジン性能に影響を与える。これについては吸排気系のところで触れることにしよう。

④脈動波の利用による慣性過給

　レシプロエンジンでは脈動波を利用することで吸入空気量をふやす。吸気管の中を流れる空気には，入ろうとしている波と返ろうとする波があって，その影響で空気の濃いところと薄いところができる。この脈動をうまく利用し，濃いところでバルブを開くようにする。勢いよくシリンダー内に空気が流入することで体積効率が向上する。これがいわゆる慣性過給である。この波はエンジン回転によって速さが異なるから，もっとも使用する回転領域に合わせて吸気管の長さを決める。吸気管の太さやマニホールド（分岐）の仕方などでも変わるが，バルブの開口のタイミングをうまくマッチングさせる。吸気管が長いと低中速域を優先し，エンジン回転もあ

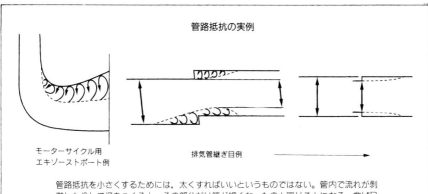

管路抵抗の実例

モーターサイクル用
エキゾーストポート例

排気管継ぎ目例

管路抵抗を小さくするためには，太くすればいいというものではない。管内で流れが剥離したりして渦をつくると，その部分だけ管が細くなったのと同じことになる。曲げRはできるだけ大きくし，つなぎ目の段差をなくすなどしてスムーズに流すことが基本。

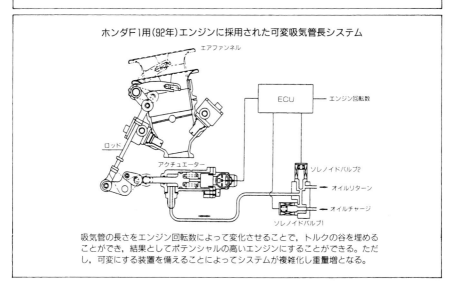

ホンダF1用(92年)エンジンに採用された可変吸気管長システム

エアファンネル

ECU ── エンジン回転数

ロッド

アクチュエーター

ソレノイドバルブ2
── オイルリターン
── オイルチャージ
ソレノイドバルブ1

吸気管の長さをエンジン回転数によって変化させることで，トルクの谷を埋めることができ，結果としてポテンシャルの高いエンジンにすることができる。ただし，可変にする装置を備えることによってシステムが複雑化し重量増となる。

まり高くないところでマッチングさせることになる。短いと高回転タイプとなる。そこで，エンジン回転に合わせて，エアホーン部を可変にすることで，高回転域から低中速まで脈動波をうまく利用するために採用されたのが可変吸気システムである。

　これは，吸気を溜めるサージタンクの容量やバルブのオーバーラップ，排気系とも関係する。２ストロークエンジンの排気チャンバーも脈動を利用したもので，その形状が出力向上に与える影響が大きいように，脈動を利用することはきわめて大

切である。

⑤排気をスムーズに押し出す

流体である空気や燃焼を終えたガスは，圧力の高いところから低いところへ流れる。排気が抵抗なくスムーズに行われることは，吸入空気量増大のためには，きわめて重要なことである。排気ポートや排気管の改良によってエンジントルクが増大するという話はよく聞くことができるが，これはそれによって吸入効率が向上したからである。

⑥高回転による吸入空気量増大

単位時間あたりの吸入空気量を増大させるには，高回転化することが有効である。出力はトルク×回転数に比例するので，同じトルクを得られるなら回転を上げることが出力向上につながる。ただし，高回転化は後述するフリクションロスをも増大させるので，それを最小限に抑えることが必要となる。

高回転化するためには，運動部品の軽量化，動弁系部品の見直しなど，かなりな技術が要求される。しかし，レース用で高出力化を求めるとなれば，高回転化の達成はきわめて重要となる。

※ターボエンジンの体積効率

脈動を利用した慣性過給では，いくらがんばっても120～130％の向上が目いっぱいである。これでも出力向上にとっては相当なものだ。排気を利用するターボは，その圧力エネルギーを利用するので，大幅に体積効率を上げることができる。単純に考えれば過給圧を2.0に上げれば排気量を2倍にしたのと同じ効果がある。もちろん，ノッキングなど出力向上には制約があるが，NAエンジンでは見られない出力向上が可能になる。

しかし，だからといってポート形状やバルブまわりの形状はどうでもよいという考えは間違っている。ターボがあろうがなかろうが，空気の流れをよくすることはエンジン性能の基本である。流入抵抗の大きいエンジンで性能を出そうとすれば，ターボの過給圧を上げなくてはならず，それだけロスが大きくなる。ターボエンジンでも，チューニングする方向としては，ターボの過給圧をむやみに上げないで出力を上げることで，使いやすく効率のよいエンジンにすることが肝心である。その意味では，ターボエンジンは特別なものでなく，NAエンジンとチューニング手法の原則は変わらないのである。

40

〔燃焼効率の向上〕

　出力を向上させるには，トルクを大きくすることが基本である。トルクは回転する力で，時間に関係ない仕事であり，これにエンジン回転をかけることで仕事率である出力となる。その単位が馬力（ps）である。

　吸入空気量をふやしたら，それをうまく燃やすことが必要だ。それがトルクを大きくする秘訣である。そのためには，急速燃焼にすること，つまり火炎伝播速度を上げることが条件である。当然のことながら，燃焼室の形状を工夫することが，それを達成するために必要である。現在のDOHC 4バルブの多くは，プラグが中央にあるペントルーフ型の燃焼室になっており，その意味では素性のよいベースエンジンになっているといえる。

①圧縮比の向上

　燃焼圧力を上げるためには，圧縮比を上げるのが基本である。つまり，圧縮比をどこまで上げられるかが出力向上の目安となる。理論的には圧縮比を上げれば熱効率がよくなるが，その向上の制約となるのがノッキングである。したがって，ノッキング限界を上げることが圧縮比向上のカギとなる。

　圧縮比を上げる手段としては，ピストン頭部，燃焼室側の容積の縮少がある。ピ

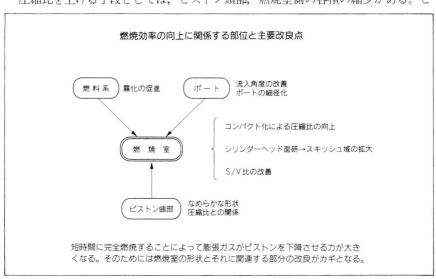

燃焼効率の向上に関係する部位と主要改良点

短時間に完全燃焼することによって膨張ガスがピストンを下降させる力が大きくなる。そのためには燃焼室の形状とそれに関連する部分の改良がカギとなる。

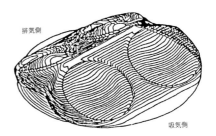

DOHC 4バルブペントルーフ型燃焼室

排気側

吸気側

当然のことながら，吸入バルブ開口面積のほうが大きくなっている。排気は負圧を利用するので吸気するより排出するほうがしやすいからである。といっても，吸入をスムーズにするために排気をおろそかにすることはできない。

ストン頭部を盛り上げることによって圧縮比を上げることができるが，それによって起こるマイナス面もある。したがって，ピストン頭部の形状は性能を左右することになる。同じように，燃焼室形状を改善するには，シリンダーヘッド下面の面積と，燃焼室内の肉盛り溶接などの方法がある。こうした重要なチューニング作業については，それぞれの項目で検討することにしたい。もちろん，やみくもに圧縮比を上げることだけにこだわるのはよくない。吸入空気量を充分に確保していなくては何の意味もない。したがって，場合によっては圧縮を若干下げたほうがトルクが増大する場合もある。全体のマッチングをとることが大切なのである。

②燃焼室のコンパクト化

　燃焼時間を短くするためには，燃焼室を小さくすれば効果的である。シリンダーヘッドの面研などによる圧縮比向上という手段は，同時に燃焼室のコンパクト化でもある。しかし，吸入空気量をふやすことを優先すれば，燃焼室を小さくすることは必ずしも有利ではない。同じ排気量ならボア径が小さいほうが燃焼室をコンパクトにしやすいから，燃焼時間は短くなるが，吸入空気量をふやすには好ましいことではない。出力を上げる源ともいうべき吸入空気量の増大を犠牲にしてまで燃焼効率を上げるというのは正しいやり方ではない。

③燃焼室のS／V比をよくする

　火炎の燃え広がり方を速くするためには，燃焼室の凹凸がないほうがいい。いくら燃焼室の容積（V）が小さくても表面積（S）が大きくなっては冷却損失が増加し，火炎伝播距離も長くなるので燃焼時間も長くなる。容積に対して表面積を最小にす

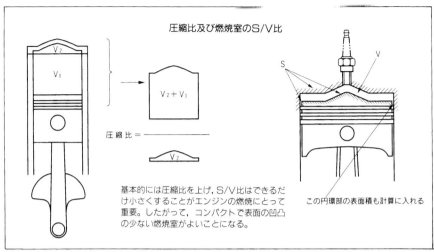

圧縮比及び燃焼室のS/V比

基本的には圧縮比を上げ，S/V比はできるだけ小さくすることがエンジンの燃焼にとって重要。したがって，コンパクトで表面の凹凸の少ない燃焼室がよいことになる。

この円環部の表面積も計算に入れる

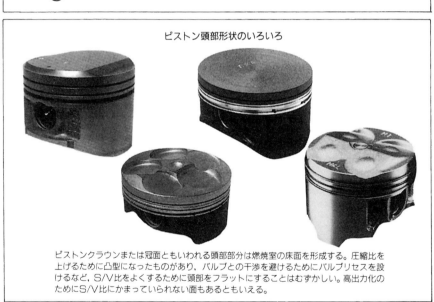

ピストン頭部形状のいろいろ

ピストンクラウンまたは冠面ともいわれる頭部部分は燃焼室の床面を形成する。圧縮比を上げるために凸型になったものがあり，バルブとの干渉を避けるためにバルブリセスを設けるなど，S/V比をよくするために頭部をフラットにすることはむずかしい。高出力化のためにS/V比にかまっていられない面もあるともいえる。

るには，球形が理想であるが，現実的には半球型またはペントルーフ型燃焼室がよい。したがって，チューニングする場合は，バルブのリセスを浅くするとか，燃焼室の壁面の凹凸を少なくするなどの改良を行う。壁面の凹凸をなくすと圧縮比が低くなるのが一般的である。それをピストン頭部形状や面研などでカバーする必要がある。燃焼室はコンパクト化も含めて，燃焼という現象を全体として考えていかな

くてはならない。

④スキッシュ，スワールの形成

　燃焼速度を速めるには，混合気がうまく燃えるような渦流をつくり出すと効果がある。それがスキッシュやスワールである。

　スキッシュというのは，ピストンの上昇に伴って混合気が圧縮されることによって，燃焼室の周端の混合気を中央に押しやる渦流のことである。燃焼室の端のほうのフラット化されたシリンダーヘッド部分とピストン頭部とで混合気を押しつぶし

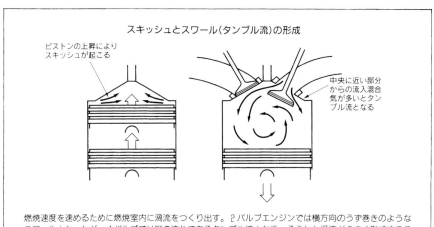

スキッシュとスワール(タンブル流)の形成

ピストンの上昇により
スキッシュが起こる

中央に近い部分
からの流入混合
気が多いとタン
ブル流となる

燃焼速度を速めるために燃焼室内に渦流をつくり出す。2バルブエンジンでは横方向のうず巻きのようなスワールとなったが，4バルブでは縦の流れであるタンブル流となり，そうした渦流がうまく形成することが重要視されるようになっている。

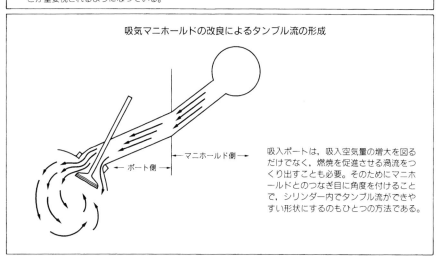

吸気マニホールドの改良によるタンブル流の形成

マニホールド側

ポート側

吸入ポートは，吸入空気量の増大を図るだけでなく，燃焼を促進させる渦流をつくり出すことも必要。そのためにマニホールドとのつなぎ目に角度を付けることで，シリンダー内でタンブル流ができやすい形状にするのもひとつの方法である。

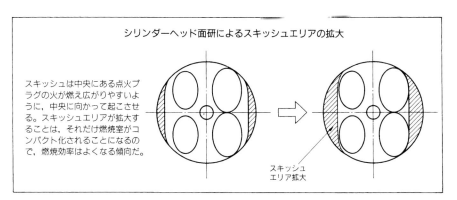

シリンダーヘッド面研によるスキッシュエリアの拡大

スキッシュは中央にある点火プラグの火が燃え広がりやすいように、中央に向かって起こさせる。スキッシュエリアが拡大することは、それだけ燃焼室がコンパクト化されることになるので、燃焼効率はよくなる傾向だ。

スキッシュ
エリア拡大

て中央部へ移動させ、圧縮された混合気をかきまわす。このためのペントルーフ型の屋根の端のフラットになった部分がスキッシュエリアである。高出力を目指すエンジンはこの部分が大きくなり、その分燃焼室がコンパクトになっている。

スワールは、ポートの曲がりによって燃焼室に入る空気の旋回流である。従来の2バルブエンジンでは横向きのスワールが主流であったが、最近のように4バルブエンジンが主流になってからは縦方向のスワール、すなわちタンブル流が重要視されるようになっている。吸入ポートからピストン頭部を目指すように下方へ入ってきた混合気は、圧縮される過程でプラグ中心部に燃えやすい比較的濃い目の混合気が集まり、火炎の燃え広がりをスムーズにするといわれている。ポート形状やバルブ傘部の形状を見直すことでタンブル流を起こすようにする。また、積極的にスワールを起こさせるように吸気マニホールドと吸気ポートの接合部に角度を付けるという方法もある。

スキッシュやスワールを起こさせることで、ノッキング限界を向上させることができる。つまり、圧縮比を上げることで、高出力化を達成することが可能になる。スキッシュを起こすことで燃焼室内のガス流動を促進し、タンブル流により燃焼速度を速めることができるから、ノッキング限界を上げられると考えられる。実際にスキッシュやスワールによって、燃焼がどれだけ改善されたか、燃焼状況を見ることができないのでデータとして確認できないが、最適点火時期（MBT－後述）を遅らせ、トルク値が上がることで、その効果を検証することができる。

⑤燃料の霧化の促進

燃焼するのはガソリンと空気の混合された気体であるが、ガソリンの粒子が細かくなって霧化されていることが大切である。それには、インジェクターの位置や噴

射量，燃圧，さらには噴射方向などが関係する。霧化が促進するように，インジェクターの位置は燃焼室より遠いほうがいいが，そうなるとポート壁面に燃料の粒子が付着して，応答遅れが出ることになりかねない。もちろん，点火タイミングや混合気の濃さ，つまり空燃比をどうするかも燃焼に与える影響は大きいが，これについても該当する項目のところで考えることにしたい。

〔フリクションロスの低減〕

　燃焼圧力はピストンを押し下げ，コンロッドを介してクランクシャフトへ伝えられる。そのときのトルクが図示トルクで，実際にクランクシャフトからパワーとして取り出される正味トルクは，これより小さくなっている。このとき失われる出力が機械損失，つまりフリクションロスである。このロスを減らさないと出力の向上代は大きくならない。高出力を目指して高回転化していくと，フリクションロスは加速度的に増大するから，そのロスを減らすことに真剣に取り組まなくてはならな

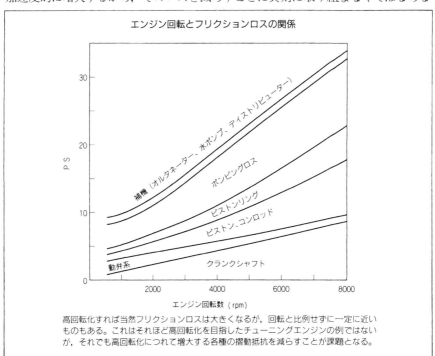

エンジン回転とフリクションロスの関係

PS

補機（オルタネーター、ポンプ、ディストリビューター）
ポンピングロス
ピストンリング
ピストン、コンロッド
動弁系　　　　　クランクシャフト

エンジン回転数（rpm）

高回転化すれば当然フリクションロスは大きくなるが，回転と比例せずに一定に近いものもある。これはそれほど高回転化を目指したチューニングエンジンの例ではないが，それでも高回転化につれて増大する各種の摺動抵抗を減らすことが課題となる。

い。ロスがふえるようにしたのでは，何のために手間ひまかけて高回転化したのか
わからない。税金をせっせと支払うために稼いでいるようなものである。

　フリクションロスとして考えられるものには，ピストンの上下動による摺動抵抗，
コンロッドメタルやメインメタルとそれに対応するクランクピンやクランクジャー
ナルとの摺動抵抗，カム及び動弁系の摺動抵抗，ピストンのスラスト抵抗，補機類
の駆動抵抗，オイルパン内のクランクシャフトによるオイル撹拌抵抗などがある。
そのほか機械損失以外にもポンピングロスが存在し，エンジン回転の上昇とともに
大きくなるので，これを低減する努力はきわめて重要であり，一緒に考える必要が
ある。

　フリクションロスのうち，ピストンやクランクシャフトの摺動抵抗は，エンジン
回転が上がると加速度的に増大していくので，その低減はチューニング作業を進め
る上でのキーポイントのひとつである。ピストンリングに関しても同様である。こ
れに対して，動弁系のロスはエンジン回転の上昇に必ずしも比例して大きくならな

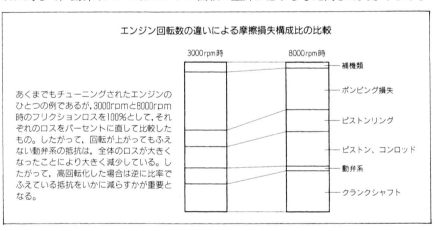

エンジン回転数の違いによる摩擦損失構成比の比較

あくまでもチューニングされたエンジンの
ひとつの例であるが，3000rpmと8000rpm
時のフリクションロスを100%として，それ
ぞれのロスをパーセントに直して比較した
もの。したがって，回転が上がってもふえ
ない動弁系の抵抗は，全体のロスが大きく
なったことにより大きく減少している。し
たがって，高回転化した場合は逆に比率で
ふえている抵抗をいかに減らすかが重要と
なる。

フリクションロスの種類と関係部位

フリクションロス	関　係　部　位	重要度
●動弁系の摺動抵抗	カムシャフト，バルブリフター，スプリング，バルブ	△
●ピストンの摺動抵抗	ピストン，ピストンリング，シリンダー壁面	○
●ピストンのスラスト抵抗	ピストンスカート，コンロッド長さ	○
●クランク系の摺動抵抗	クランクピン，メインジャーナル，メタル，バランス率	◎
●オイルの撹拌抵抗	クランクシャフト，オイルパン，オイルの粘性性，油圧	○
●補機類の駆動抵抗	ウォーターポンプ，オイルポンプ，オルタネーター	△

いので，高回転時では相対的にロスが大きく減少する傾向となる。もともと動弁系は低回転域でのロスが大きいので，量産エンジンではこれを低減するためにロッカーアームタイプのバルブ駆動方式エンジンではローラーロッカーが使われている例が多いのだ。また，オルタネーターやポンプ類の駆動はエンジン回転に関係なく一定である。

①ピストンの上下動による摺動抵抗

　シリンダー壁面とピストンリングが，摺動に際して燃焼ガスや潤滑のためのオイルをしっかりシールしながら，ピストンの上下動をスムーズにする必要がある。シール性を高めるためにリングの張力を上げるとシリンダー壁との抵抗が大きくなりフリクションロスがふえる。逆に弱めればブローバイガスがふえ，オイル消費がふえる。また，シリンダー壁とピストンリングの当たり面の摺動によるスカッフィング（キズ）や耐摩耗性の問題もある。このあたりについては，シリンダーブロックやピストンリングの項でその対策を述べることにするが，きめ細かい作業をすれば解決することはむずかしいことではない。

②クランク系のフリクション低減

　フリクション低減の中で，もっともやっかいであると同時にもっとも大切なのが，コンロッドメタルとクランクピン，メインメタルとメインジャーナル（クランクジャーナル）との摺動抵抗を減らすことである。金属同士による面接触なので，オイル膜を切らせるとメタルの焼き付きという致命的なダメージを受ける。クランクピンの

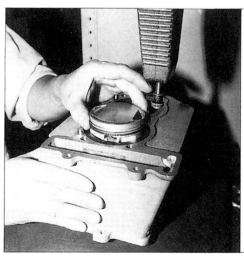

ピストンの摺動抵抗のチェック

加工したシリンダーにリングを付けたピストンを挿入して，スムーズに上下するかどうか点検する。プラットホーニングを施すと，ピストンを手で押してもスムーズに軽く動くようになる。

はうはピストンからの燃焼圧力をコンロッドから伝えられるだけでなく，下死点から上昇へ向かう大きな慣性力にも耐えなくてはならない。メインジャーナルもクランクシャフトのねじり振動やカウンターウエイトの揺れ，その他の振動の影響をまともに受ける。クランクシャフトの回転をしっかりと支えなくてはならないから，ジャーナル径を細くしたり，幅を詰めたりすることはむずかしい。これはクランクピンも同様である。しかし，実際にはクランクピンとメインジャーナルの径をどれだけ小さくし，幅を狭くできるかがフリクションロス低減の決定打である。

　その前提としては，潤滑やメタルの材質などの検討があるが，これらはチューニングする過程で応急手当て的に対策することができるが，ピンやジャーナルの仕様は，作業を進める前にエンジンを総合的に検討した上で慎重に決めなくてはならない。焼き付きを起こさない範囲でどこまでピンやジャーナル径を縮少できるかが，出力性能を向上させるキーポイントであるといっても過言ではない。

　そのためには，ピストンやコンロッド，クランクシャフトという運動部品の軽量化と剛性という，トレードオフの関係にある条件を高い次元でバランスさせなくてはならず，クランクシャフトをスムーズに回転させるための慣性力の利用やバランス率など，きめ細かい配慮が必要である。全体のバランスをうまくとり，やるべきことをすべてやった上で，ごくわずかピンやジャーナル径を細くすることが可能となる。成果を上げるのは容易ではない。すべり接触している部分であるから，その面

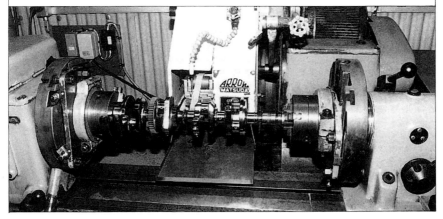

クランクシャフトのピン部鏡面仕上げ
クランクピンとメインジャーナルの摺動抵抗は大きい。高回転化に伴って，メタル焼き付きのトラブル発生を防ぐだけでなく，できるだけ抵抗を小さくする必要がある。径を小さくすることがそのポイントとなるが，ピン部を鏡面仕上げすることで抵抗を減らすことができる。

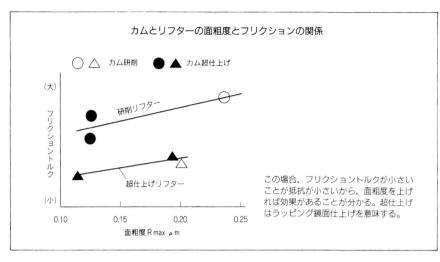

カムとリフターの面粗度とフリクションの関係

○ △ カム研削　● ▲ カム超仕上げ

（大）

フリクショントルク

研削リフター

超仕上げリフター

（小）

0.10　　　　0.15　　　　0.20　　　　0.25

面粗度 R max μm

この場合，フリクショントルクが小さい
ことが抵抗が小さいから，面粗度を上げ
れば効果があることが分かる。超仕上げ
はラッピング鏡面仕上げを意味する。

積が少なくなれば，当然面圧が大きくなり，トラブル発生の危険率が上がる。メタ
ルへの荷重を減らす努力を根気よく追求する以外にない。エンジンチューニングに
あたって，私がもっとも注意を払うところである。

③動弁系の摺動抵抗の軽減

　上記以外にも，すべり接触している部分がある。とくにベアリング類の抵抗を
小さく，スムーズに回転するようする。たとえばカムシャフトとジャーナルキャッ
プは，その接触する面積が大きいから，抵抗にならないように鏡面仕上げをする。
カムを組み込んで，オイルをつけた上で手でまわしてみて，スムーズに軽くまわる
かチェックしてみる。また，カムノーズとバルブリフターの摺動抵抗を減らすため
に，それぞれの表面を磨く。

④オイルの撹拌抵抗の軽減

　潤滑用のオイルは，当然のことながら空気よりも粘性が高いから抵抗が大きい。
したがって，コンロッドやクランクシャフトのカウンターウエイトの動きで，シリ
ンダーブロック内で撹拌されると，その抵抗は大きくなる。カウンターウエイトの
回転速度は，高回転エンジンの場合は，クランクジャーナル中心から8cm先にある
として，5000rpmでは先端は150km/h以上のスピードとなる。それでオイルをかきま
わすことになる。たとえ空気であってもその抵抗はものすごい。したがって，オイ
ルをうまく切るようにすると同時に，オイル回収を素早くすることが大切である。
そのためには，ドライサンプにするか，ウエットサンプならバッフルプレートを取

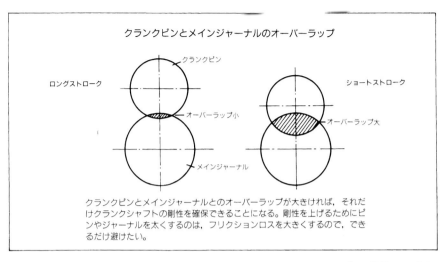

クランクピンとメインジャーナルのオーバーラップ

ロングストローク　クランクピン　ショートストローク

オーバーラップ小　メインジャーナル　オーバーラップ大

クランクピンとメインジャーナルとのオーバーラップが大きければ，それだけクランクシャフトの剛性を確保できることになる。剛性を上げるためにピンやジャーナルを太くするのは，フリクションロスを大きくするので，できるだけ避けたい。

り付けるなどで対策する。カウンターウエイトもオイルを切りやすい形状，つまり空気抵抗を減らすためにカウンターウエイトの厚さを薄くしたり，投影面積を減らすことで，フリクションロスを低くする効果は大きい。

※ピストンスピードとフリクションロス

　同じボア・ストロークのエンジンなら高回転化するためにはピストンスピードを上げなくてはならない。ピストンスピードをどこまで上げられるかが，高出力・高回転エンジンの重要なポイントであると考えられている。しかし，ピストンスピードを上げることは，フリクションロスを大幅にふやすことである。高出力化にとって高回転化は必至であると考えられているが，フリクションロスが大きくなったのでは何のための高出力化かわからない。労多くして報われる点が少ないことになる。

　たとえ，14000～15000rpmという高回転を目指しても，平均ピストンスピードは23m/sが上限であると私は考えている。3ℓのF1エンジンをつくるとすれば，このピストンスピードの範囲内で成立するボア・ストロークを設定する。当然超ショートストロークになり，燃焼室のコンパクト化という点で不利となる。しかし，それを前提に急速燃焼させるために最大限の努力を払うことで解決を図る。ピストンスピードを上げることによるフリクションロスの増大より，出力向上にとっては，そのほうが有利であるからだ。

　レース用エンジンのチューニングでも，ピストンスピードは21～22m/s程度までと

し，ピストンスピードはなるべく抑える方向で考えたいと思っている。

※気筒数とクランクシャフト長さ

　クランクシャフトのねじれ振動は，エンジントラブルの要因となり，フリクションロスを増大させる。それをなくすためには，クランクシャフトの長さを縮めるしかない。クランクシャフトが長いと，それだけで安定した性能を出せない。振動を抑えるためにメインジャーナルは太くせざるを得ず，クランクシャフトが長いと出力競争に負けてしまう。ルマン24時間レースのように耐久性を重視したものは別だが，スプリントレースではエンジンのパッケージがコンパクトであることも，戦闘力向上には重要な項目である。直列6気筒やV型12気筒は，直列4気筒やV型8気筒に比較してクランクシャフトを長くせざるを得ないが，最初から設計するとすれば，あまりボアを大きくすることはできない。現在のところ，3ℓF1エンジンの場合，私ならV8のパッケージに限りなく近づけたV10を選択するだろう。どこまで全長を縮少することができるかがカギだ。そして，キーポイントはシリンダーのオフセットをどれだけ小さくできるかである。それがメインジャーナルの幅の大きさの目安でもあるからだ。

　チューニング作業を進めるにあたっては，目標に向かって決断力をもち，柔軟な思考と，きめ細かいすみずみまで行き届いた配慮，そして常に全体のバランスを考えることが大切である。

3.シリンダーブロックのチューニング

　エンジンのもっとも大きく重いパーツであるシリンダーブロックは，エンジンの土台となる部分である。ブロックはエンジン重量のうちのかなりな部分を占めるので，エンジンを軽くしたいという考えでいけば，軽量化の重要なところになるかも

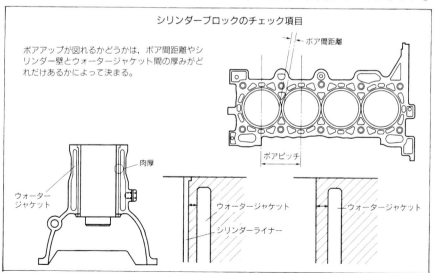

シリンダーブロックのチェック項目

ボアアップが図れるかどうかは，ボア間距離やシリンダー壁とウォータージャケット間の厚みがどれだけあるかによって決まる。

ボア間距離

ボアピッチ

肉厚

ウォータージャケット

ウォータージャケット

シリンダーライナー

ウォータージャケット

ダミーヘッドを取り付けた
シリンダーブロック

シリンダーブロックのホーニングやボーリングは，このようにダミーヘッドを締め付けて実施する。こうしないとエンジン作動状態と同じにならない。

しれないが，性能を向上させるという観点に立てば，ブロックの剛性を確保することが基本である。現在の市販エンジンは設計技術の進歩によって無駄な部分が少なくなっているから，軽量化する余地はあまり大きくないと思ったほうがいい。とくに高回転化を狙うエンジンチューニングでは，エンジンの剛性の確保は大切な要素となる。むしろ，機械的に精密さが要求されるものなので，シリンダーやベアリングキャップの精度や正確さのほうが重要である。まず，そのチェックと対策という基本的なチューニングから見ていくことにしよう。

［機能上重視される箇所の検討］

①シリンダーが真円になっているか

　当然のことながら，エンジンのシリンダーは円筒状をしており，この中をピストンやコンロッドなどの運動部品が往復する。このシリンダー部分がエンジンの中心ともいうべきところで，上から下まできれいな真円になっていることが前提である。もちろん，市販エンジンでは，そうなるように製作されてはいるものの，量産品であるためにごくわずかではあるが，狂いの生じているものがある。わずか10μ（0.01mm）であっても性能に与える影響は無視できない。円筒状のシリンダー内部が真円になっているかどうか，ねじれや倒れがないか，円の中心線がクランクシャフトのセンターの線と垂直になっているか，きちんとチェックすることが，最初にやらなく

シリンダーブロックの点検

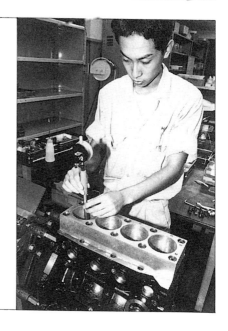

シリンダーブロックの加工後，シリンダーの真円度やテーパー度，垂直度などをチェックする。この際シリンダーブロックは80〜90℃の温水で暖めてから計測する。

てはならないことだ。

　レシプロエンジンでは，これがすべての性能の基準になる。いうまでもなく4気筒エンジンなら4つのシリンダー，12気筒なら12のシリンダーのすべてにわたってそうなっていなくてはならない。すべてのシリンダーが真円になっていて，それぞれの中心線が平行になっている必要がある。

　こうした状態になっているのは，エンジンが実際に稼働しているときでなくてはならない。つまり，エンジンの冷却水が80〜90℃あたりになっているときに，シリンダーが真円になっていなくては意味がない。単に真円かどうかをチェックするために，シリンダーブロックだけを取り出して，冷えた状態で計測して真円になっているからといって安心してはいけない。もちろん，メインベアリングキャップをきちんと締めた状態でチェックする。

　そのために，こうしたチェックや計測では，シリンダーヘッドを締め付けた状態で真円であるようにダミーヘッドをつくり，ボルトの締め付けトルクとガスケットの有無などの比較をして，シリンダーヘッドを使用する状況を再現し，その後にボーリングやホーニング加工をして寸法出しをする。

　生産車のエンジンでは，ふつうに使われるエンジン回転はせいぜい6000〜7000rpm

くらいまでであるから，多少のバラツキがあっても問題になることはない。最近の
エンジンの精度はかなり向上しているものの，なかには10μくらいの誤差のあるもの
がないとは限らない。エンジンの性能を追求しようとすれば，バラツキの許容範囲
を小さくすることが重要である。真円になっていないと，低い回転でまわしている
間はいいが，回転を上げていけばガスやオイルのシールが確実でなくなり，フリク
ションロスが大きくなって性能向上を図れないだけでなく，エンジントラブルを発
生させる原因にもなりかねない。

②シリンダーの上面とクランクセンターが平行になっているか

　これも基本的には同じ考えで，きちんとチェックする必要がある。クランクセン
ターはエンジン寸法の基準となるもので，この線上の垂直面とシリンダーブロック
の上面が正確に平行になっているかどうかは機械をスムーズに作動させるために重
要である。これも生産エンジンに見られるバラツキを限りなくゼロに近づけること
が必要である。少なくとも0.02㎜ぐらいの精度にすることだ。もちろん，この場合
もエンジンが実際に使用されている状態での精度が問題になる。そのためには，エ
ンジンを90℃前後のお湯の中に入れて，エンジンを暖めた状態で，きちんと計測し

チューニングされたシリンダー
ブロック（上）とノーマルブロック

シリンダーブロック上面はガスケットを
介してヘッドと締結される部分で，ここ
の面粗度を上げ，平面度を上げる必要が
ある。鏡面研磨で仕上げたため，見た目
にもぴかぴかしている。

てバラツキがあれば修正する。

③メインベアリングのキャップが真円になっているか

エンジン回転はクランク軸の回転をいうが，その回転がスムーズであることが性能の基本となる。シリンダーブロックはそれを保証するための土台であり，ハウジングでもある。そのなかでクランクシャフトを直接支持しているのが，このベアリングキャップの部分である。ピストンの上下運動による衝撃を受けながら，クランクがまわるのをしっかりと支えなくてはならないが，そのベアリングキャップがシリンダーと同じように真円になっていなくては，本来のエンジン性能を出すことは不可能であるのはいうまでもない。トルクが大きくなると，この部分に対する負担がふえるから，真円になっていないと，メタルが焼き付くというエンジンにとって致命的なトラブルの原因となる。ベアリングがしっかりとその機能を果たすための支えとなるものだから，きちんと計測して，真円になっていない場合はキャップの形状を修正する必要がある。

シリンダーブロックの剛性を確保することの大切さは，このベアリングの機能をうまく発揮させて，クランクをスムーズに回転させるためといっても過言ではない。そのために，このキャップの変形を極力なくすように，ラダービームが構成されて

メインジャーナル部の寸法チェック

ジャーナルメタルの真円度や寸法，キャップのずれなどを精確にチェックし，あわせてオイルクリアランスなどを合わせ，メタルかん合を行う。

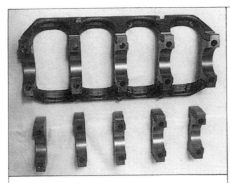

ラダービーム付きのメインベアリングキャップ（上）と軽量化されたベアリングキャップ

クランクシャフトを支えるメインベアリングキャップが真円になっているか，またラインがシリンダー上面に対して平行に通っているかチェックする。

シリンダーブロック（下面側）

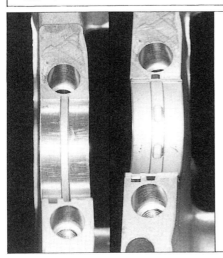

メインジャーナルハウジング（左）と
メインジャーナルメタルを入れた状態

左がメインジャーナルハウジング部分で，中央にオイル通路となる溝が切られている。これに右のようにメインジャーナルメタルをはめ込むが，3ヵ所にわたって穴が開けられてオイルをスムーズに循環させるよう配慮されている。これはモーターサイクル用エンジンの例。

いるエンジンが現われている。これは，梯子型の骨組みにベアリングキャップを一体にした形状のもので，運転時のベアリングキャップの倒れを抑える働きをする。こうしたラダービームのような剛性の確保が考えられていないエンジンでは，キャップの幅や厚さ，さらには材質，締め付けボルトのサイズなどのチェックが必要になる。フリクションロスを減少させるためにメインジャーナル径を縮小し，ピストンをはじめとする運動部品の軽量化を図っても，メインベアリングキャップが真円

になっていなければ，そうした苦労が報われないことになる。

　エンジン部品を交換したり改良したりというチューニングを許されていないカテゴリーのノーマルカーレースであっても，こうした基本的な配慮が行き届いていれば，カタログどおりか，それ以上の性能を発揮することができる。

〔チューニングの実際〕

①シリンダーの表面を磨く

　応力のかかるところは，ぴかぴかに磨くことでその分散を図り，亀裂などが入らないようにする。とくに4気筒エンジンでは，ミッションと結合する方向は応力の振動モードが出てクラックが入る恐れがある。それを避けるために鏡面仕上げにする。鋳物の肌のままでは応力が集中しやすいだけでなく，壁面のオイル回収という点でも鏡面仕上げをすれば有利である。リューターや砥石で表面を磨いて鋳物の肌を落とし表面の凹凸をなくすことは，軽量化にもわずかではあるが寄与する。また，ブロックのリブの付いたあたりの内側を磨くことも効果がある。リブが付いているのは，応力を受ける部分を強くするためであるから，鏡面処理をすることによって，

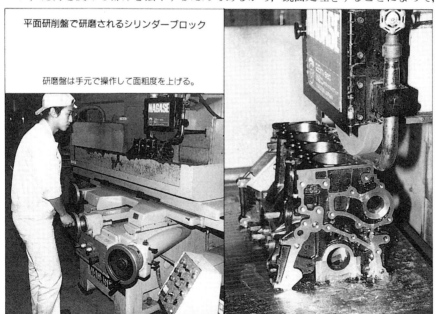

平面研削盤で研磨されるシリンダーブロック

研磨盤は手元で操作して面粗度を上げる。

応力の集中を避けることができる。チューニングすることで燃焼圧力が高くなれば,それだけブロックにかかる荷重は大きくなるからだ。

②シリンダー内面の仕上げ

さて,これから本格的なチューニングに入っていくことになる。シリンダー内壁は,ピストンと摺動する部分で,スムーズにピストンの上下運動を助けないと抵抗が大きくなってパワーが出ない。実際にシリンダー内面と摺動しているのはピストンリングであるが,リングとシリンダーの馴染みが出るために,かつてはラッピング(ならし運転)をしたものだった。摺動する間にシリンダーの粗さがとれることで抵抗が小さくなり,新品のエンジンはならしをしないとパワーが出なかった。しかし,チューニングエンジンでは,ならしをしている間にエンジン性能が落ちてしまいかねない。そこで,最初からラッピングをしたのと同じ状態にしてやる。これがシリンダー内面のプラットホーニングである。

シリンダーの内面を拡大して見ると,新しいエンジンの場合はギザギザがかなり付いている。つまり,面粗度が大きいのだ。この粗さをとってやることで抵抗を小さくする。面粗度を見るためには,ピストンリングを組み込んだピストンを入れてゆっくりと上下動させて,その抵抗を測る。実際に粗いとジジジィという音がする。

砥石で削るようにシリンダー壁面を磨くが,鏡面仕上げをしたのでは逆効果となる。オイル保持ができなくなるからだ。シリンダーとピストンリングが摺動で焼き付かないためには,オイルが壁面にある程度保持されることはきわめて重要である。

シリンダーブロック壁面の鋳物肌の除去
左が研磨されたもので右がノーマル。壁面内側の鋳物肌を取り去ることで軽量化を図るとともに応力集中を避けることができる。

プラットホーニングの効果

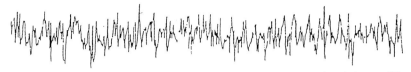

プラットホーニング前

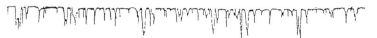

プラットホーニング後

上がプラットホーニングを施す前のシリンダー壁面の凹凸で，実施することによって面粗度が上がり，表面はフラットになり，凹部にオイルを保持することができる。かつてはエンジンを充分に慣らすことでシリンダー壁の凹凸が少なくなっていた。

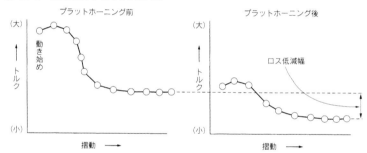

プラットホーニング前は，トルクが一定になるまでに時間がかかるが，ホーニングしたシリンダーでは，立ち上がり時からトルク（抵抗）が小さくなっており，ロスはさらに低減しているのが分かる。

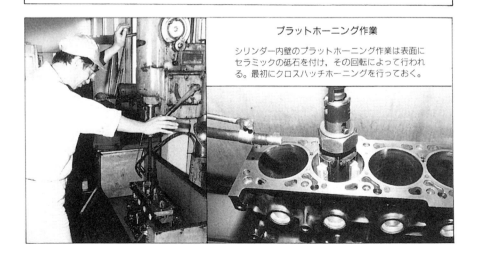

プラットホーニング作業

シリンダー内壁のプラットホーニング作業は表面にセラミックの砥石を付け，その回転によって行われる。最初にクロスハッチホーニングを行っておく。

シリンダーライナー内壁のクロスハッチ

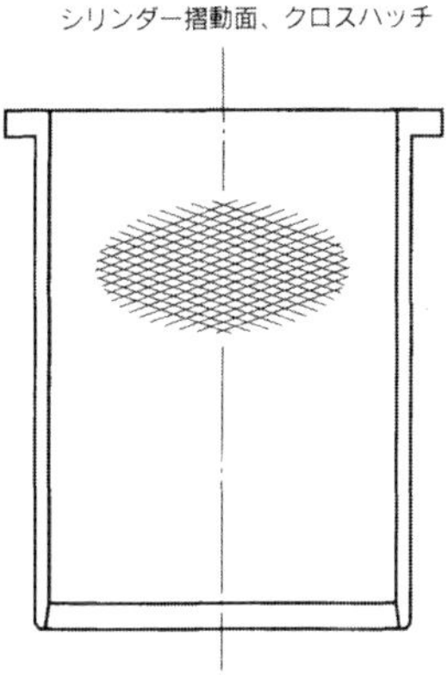

シリンダー摺動面、クロスハッチ

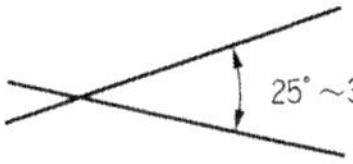

25°～30°に仕上げる

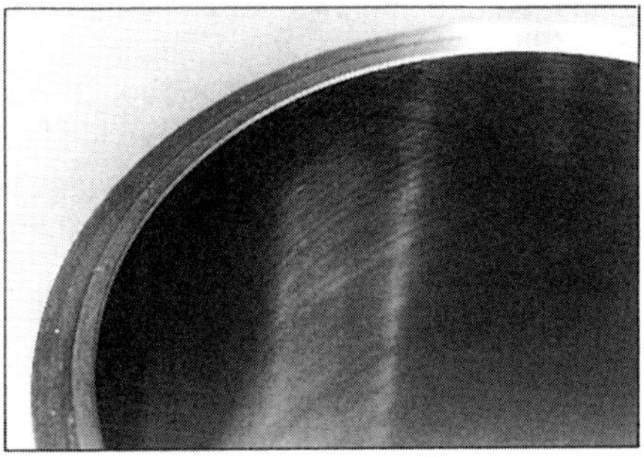

このように細かい溝を付けることでシリンダー壁面にオイルを保持し，摺動抵抗を減らすとともに，ピストンリングの摩耗や焼き付きを防止する。

プラットホーニング効果のチェック

ピストンをシリンダー内に挿入させて，バネばかりで静的動きを出す荷重をチェックすることで，プラットホーニングの仕上がり具合をチェックする。

　そのために，シリンダー壁面にクロスハッチの溝を付ける。そのハッチの角度は上の図のように25°～30°くらいがよいとされている。ここにオイルが溜まり，摺動をスムーズにする。こうしてプラットホーニングされたシリンダーの壁面は，前頁の図で見るように小さいギザギザとやや深い溝の部分とで構成される。

　きれいに仕上げられるとピストンは手で押し下げても，何の抵抗もなく軽い力で

スムーズに動くようになる。このときのピストンを押す抵抗を測ると針の動きが小さい。面粗度が大きければ、当然針は大きく動く。この違いがフリクションロスの大きさの違いである。

③シリンダーライナーの挿入

かつてはシリンダーブロックは鋳鉄製がふつうだったが、近年はアルミ合金製のものが多くなっている。とくにモーターサイクル用のエンジンではアルミになっているのが当たり前で、シリンダー内にはスリーブ（一般にはライナーという）が挿入されている。アルミのままでは、シリンダーが摩耗するから、これを防ぐためにライナーが圧入されているが、このライナーの真円度が出ているかチェックする必要がある。もちろん、エンジンが実際に使用される状態で真円になっていなければならないが、これがなかなかやっかいなことになる。というのは、ブロックのアルミとライナーの鉄では熱膨張率が異なるから、エンジンが使用されている状態を再現するのはむずかしいのだ。

ライナーは冷却用のウォータージャケットに直接接しているウエットライナー方式と、アルミのシリンダーの中にジャケットがあるドライライナー方式とがあるが、モーターサイクルも含めて生産エンジンに多いドライライナー方式では、とくに真円になるようにするのが大変だ。鉄よりアルミのほうが、熱で膨張する度合いが大きいが、ドライライナー方式ではアルミの肉の付き方が場所によって違うから、ライナーをゆがませてしまう。そうならないようにライナーを圧入するわけだが、挿

ニカジルメッキを施したアルミ合金製シリンダーライナー

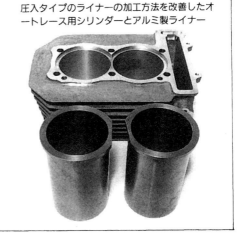

圧入タイプのライナーの加工方法を改善したオートレース用シリンダーとアルミ製ライナー

入した状態でいくら真円になっていても，ボルトを締め，エンジンが暖まった状態で変形したのでは何もならない。圧入してから内面を仕上げるなどの加工をしたのでは，その狂いはさらに大きくなっていく。ライナーを挿入したら一切加工をしないように，すべての作業は事前に終えておく必要がある。

　ライナーは熱源に近いので温度は120℃くらいになり，冷却水は80℃近辺である。そうした温度差を計算し，膨張率を勘案して，ライナーがエンジン使用状態で真円になるようにはめ込む。このあたりはチューニングのノウハウである。

　レース用の高回転エンジンでは，このライナーを鋳鉄製でなくアルミにして軽量化を図る。アルミのブロックにわざわざアルミのライナーをはめ込むのだから，耐摩耗性や耐焼き付き性に優れた硬度の高い合金を使用するが，さらにこれにニカジルメッキなどを施す。ニカジルメッキというのは，ニッケル及び炭化ケイ素の複合耐摩耗被膜のことだが，窒化ホウ素などを混入した変形複合メッキもあり，これらの素材の混入の違いで性能が微妙に違う。こうしたメッキを施すと，表面の摩擦抵抗が減り，摺動抵抗も小さくなる。というのは，ライナーの表面にわずかな突起が無数にでき，そこがピストンリングと当たることになるから，ふつうのシリンダーよりピストンリングと直接当たる面積は少なくなり，リングが当たらない広い壁面にオイルの保持が可能になる。ライナーをこうしたものに交換するだけでトップパワーが５％ほど上昇し，全域でトルクが向上した例がある。

④剛性の向上

　シリンダーブロックにとって剛性の確保はきわめて重要である。シリンダーの真

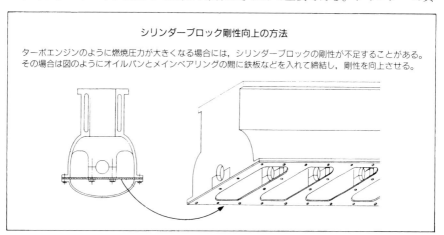

シリンダーブロック剛性向上の方法

ターボエンジンのように燃焼圧力が大きくなる場合には，シリンダーブロックの剛性が不足することがある。その場合は図のようにオイルパンとメインベアリングの間に鉄板などを入れて締結し，剛性を向上させる。

円度を高めるなどで，機械としての精度をいくら上げても，ブロックが変形したのでは性能を出すことはできない。逆に，生産エンジンのままで剛性が充分かどうか，とくにターボエンジンのチューニングでは過給圧を上げてパワーを出した場合，剛性が不足することがある。しかし，ブロックの剛性を上げるのは大変だ。こうした場合,剛性を上げるために前頁の図のようにオイルパンとメインベアリングの間に3.5mmほどの鉄板を入れる。鉄板を挟んでオイルパンを留めているボルトでしっかりと締結すれば，ブロックの剛性をかなり向上させることができる。

⑤ブロックの軽量化

　以上のように，シリンダーブロックは剛性の確保を優先して，軽量化はあまりやるべきではない。エンジンのパワーを上げることは，シリンダーの受ける圧力が大きくなることだから，生産エンジンのままでは相対的に剛性が下がったことになる

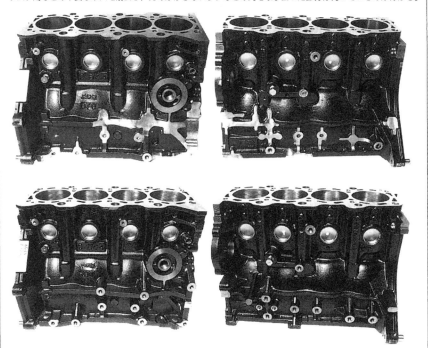

シリンダーブロックの軽量化の例

上が主として軽量化を目的として改良されたシリンダーブロックの前後面。他機種搭載用につけられたり，パワステ用などの不要なボスを削去し，力のかからないリブなどの肉を取り去った部分が光っているのが分かる。

わけだ。近年のエンジンは無駄を排除するようになって、余裕設計の度合いが小さくなっていると考えたほうがいい。したがって、軽量化としてできることは、余分なものを取り除くことが基本である。たとえば、エアコンの取り付けボスやサージタンクのステーを留めるボスとか、使わないところをとって、その分軽くする。軽量化を図るために剛性を考えて付けられているリブを削るようなことが賢明でないのはいうまでもないことである。

　軽量化の積極策としては、締め付けボルトのサイズダウンを図ることだ。ただし、10mmのボルトを6mmにしたような場合、ボルトの強度を上げる必要がある。そうでないと、エンジンの剛性に影響が出るからだ。つまり、サイズを下げても同じ締め付け力以上のボルトを使わなくては、軽量化することはできないと考えるべきだ。ボルトには締め付け力を示す数字が印されている。たとえば、4Tというのと12Tとでは後者が3倍の締め付け力があることを示している。Tというのは、テンションのことで、引っ張り応力の大きさを表わしている。この場合、ボルトサイズでなく、ボルトの断面積が3分の1になればよいことになる。そうすると円の面積はπr^2だから、10mmのボルトをどこまで小さくできるかは、$\sqrt{5^2/3} \times 2$ という計算で約5.7mmとなる。ということで6mmのボルトを使えばいいことが分かる。そして、ブロックにあるネジ部にはボルトサイズに合ったヘリサートを取り付ける。もちろん、レーシング用エンジンを最初から設計する場合には、小さいサイズのボルトを使うことを前提にする。

　ヘッドカバーやフロントカバーなどの比較的力のかからない部分を留めるボルト

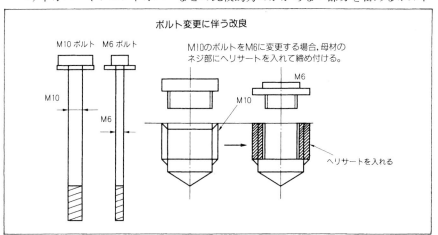

は容易にサイズダウンできるし，アルミやチタン合金のボルトに交換するなどで軽
量化できる。しかし，コンロッドボルトやヘッドボルトのような大事な部位は安易
に替えるべきではない。剛性のためだけでなく，エンジンの性能をフルに発揮する
ためにも力のかかる部分のボルトの締結には充分な配慮が必要である。

　軽量化の奥の手としては，メインジャーナルの径を見直すことだ。エンジン回転
に応じて考えなくてはならないが，設計の新しくないエンジンでは，ジャーナル径
が太いものがあり，これに対応するブロック側を小型化することでブロックのコン
パクト化を図ることが可能となる。この場合は，クランクシャフトを新設すること
が条件になるから，チューニングとしてはかなり大がかりとなる。

　いずれにしても，シリンダーブロックはエンジンの土台であり，ピストンの往復
運動とクランクシャフトの回転運動を支える部分であるから，性能を出すためにも
精度を出し，剛性の確保を優先することが大切である。

4. 主運動部品のチューニング

〔 クランクシャフト 〕

運動部分のパーツとしては，ピストン，コンロッド，クランクシャフトとあるが，いうまでもなくクランクシャフトがもっとも大きなものであり，エンジンの性能を出すためにもっとも重要なものである。まず，これをスムーズにまわすことが基本となる。エンジンパワーはクランクシャフトの回転を取り出すわけだから，これが変な動きをしないでうまくまわり続けるように配慮する。

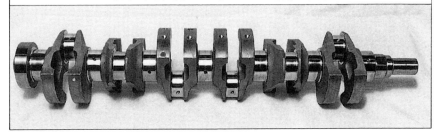

直6用クランクシャフト

削り出しフルカウンターのクランクシャフトで，高出力対応のシャフトとして高バランス率となっている(900ps対応)。

（1）機能上重視する箇所

　そもそも，往復運動部の慣性力を打ち消し，回転運動の慣性モーメントを高める
ために，カウンターウエイト（クランクウェブのクランクピンと反対側の部分）が付
いている。

　このカウンターウエイトの質量と，反対側の往復運動系の慣性力とのバランスが

クランクシャフトのバランス率

　クランクシャフトのバランス率とは1スロー（1気筒）ごとに，ピン軸上(回転半径=1/2×ス
トローク)での往復部質量に対するカウンターウエイトの質量の割合(つり合い率)をいう。

（バランス率Kの求め方）

$$K=\frac{M_W-M_R}{M_P}\times100(\%)$$

M_W：ピン軸上のカウンターウエイト置換質量

＝カウンターウエイト質量（斜線部）$m_W\times\dfrac{クランク軸中心からのカウンターウエイト重心距離r_W}{回転半径r}$

M_R：ピン軸上の回転部置換質量

＝（ピン＋アーム）合成質量$m_R\times\dfrac{クランク軸中心からの重心距離r_R}{回転半径r}$＋コンロッド大端部質量(メタル含む)$m_{cr}$

M_P：往復部質量＝ピストン完備質量(ピストン，ピストンリング，ピストンピン，スナップリング)m_P＋
コンロッド小端部質量m_c

（計算例）

ボア×ストローク＝Φ86×86のクランクシャフトの場合

1. 往復部質量M_Pを求める。m_P＝0.35kg，m_{cp}＝0.18kgとする。

$M_P=m_P+m_{cp}=0.35+0.18=0.53$kg

2. 回転部置換質量M_Rを求める。m_R＝1.3kg，r_R＝28.5mm，r＝86/2＝43mm，m_{cr}＝0.36kgとする。

$M_R=1.3\times28.5/43+0.36=1.22$kg

3. カウンターウエイト置換質量M_Wを求める。m_W＝1.5kg，r_W＝37.5mmとする。

$M_W=1.5\times37.5/43=1.30$kg

バランス率$K=\dfrac{M_W-M_R}{M_P}\times100=\dfrac{1.30-1.22}{0.53}\times100=15\%$

したがって，このクランクのバランス率はプラス15%となる。

バランス率Kでマイナスバランス，プラスバランスとは

$M_W-M_R<0$ の場合　マイナスバランスもしくはアンダーバランスという

$M_W-M_R>0$ の場合　プラスバランスもしくはオーバーバランスという

$M_W-M_R=0$ の場合　ゼロバランス（回転部のみつり合っている）

$M_W-M_R=M_P$の場合　100%バランスもしくは完全バランスという

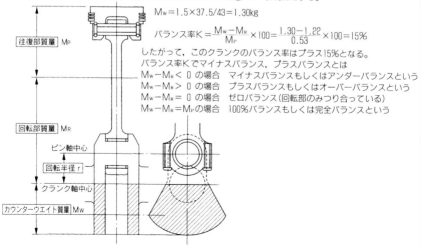

（図中ラベル）往復部質量 M_P／回転部質量 M_R／ピン軸中心／回転半径 r／クランク軸中心／カウンターウエイト質量 M_W

どうなっているかが，クランクシャフトの回転のスムーズさと大いに関係がある。このクランクピン中心上のピストンやコンロッドの往復重量と，コンロッドの回転重量部分やクランクピン上側の回転重量に対して，カウンターウエイトの重量の比率がバランス率である。この両方の重量が同じ場合は，バランス率が100%になる。このバランス率がどうなっているか，つまり，カウンターウエイトの付き方や形状，重さなどがチューニングにとっても注目しなければならないところである。

①クランクシャフトのバランス率を上げる

　ノーマルエンジンの場合，バランス率はだいたい−30〜−150%くらいになっている。その理由はクランクシャフトの回転をスムーズにするためには，もっと上げた

クランクシャフトの性能向上項目

要求項目	部位	チューニング作業
●軽量化	カウンターウエイト，ジャーナル，ピン	駄肉削除，肩部肉抜き
●フリクションロス	クランクピン，メインジャーナル	径及び幅の縮少，鏡面仕上げ
●剛性向上	クランクピン，メインジャーナル	オーバーラップ，振動ねじれ減少，材質変更，熱処理
●バランス率	カウンターウエイト(ピストン・コンロッド)	バランス率の適正化，向上
●高回転化	カウンターウエイト	空力的処理，薄肉化，小外径化
●信頼性向上	クランクピン，メインジャーナル	オイル供給の仕方，ベアリングとの相性，面粗度の向上

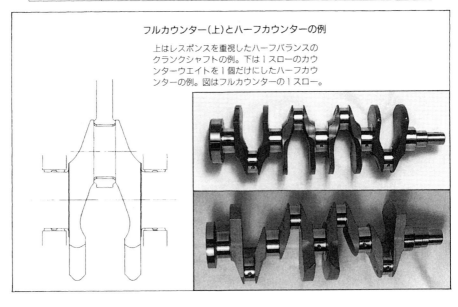

フルカウンター(上)とハーフカウンターの例

上はレスポンスを重視したハーフバランスの
クランクシャフトの例。下は1スローのカウ
ンターウエイトを1個だけにしたハーフカウ
ンターの例。図はフルカウンターの1スロー。

いが，そうなるとカウンターウエイトが重くなることでフリクションが大きくなる。ノーマルではメタルが焼き付かない範囲であまりバランス率を大きくしない傾向だが，チューニングアップするためには，使用目的に応じてバランス率をどうするか比較検討すべきである。つまり，レスポンス，圧縮比，最高回転数，ピストンスピードなどを考慮に入れて決定する。レスポンスを重視する場合は，必ずしもバランス率を上げないほうがよい。逆にエンジンの高圧縮，ねばりを出す場合にはバランス率を上げ，クランク系全体の慣性モーメントをふやしたほうがいい。

　最近のノーマルエンジンでもカウンターウエイトがひとつしかないハーフカウンターより，メインジャーナルの両サイドにカウンターウエイトがあるフルカウンターが多くなっているのは，バランス率を考慮しているからである。バランス率が低いとメタルにかかる荷重が平準化されずに部分的に無理がかかり，メタルの径を大きくしてカバーしなくてはならなくなり，フリクションロスを低減することがむずかしくなる。メタルの面圧はバランス率によって変わるから，高回転エンジンになればなるほど上げて，バランスのよいところを見付ける必要性が高くなる。

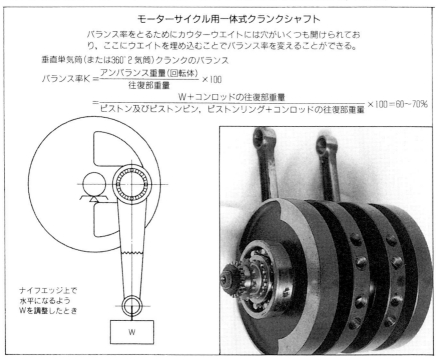

モーターサイクル用一体式クランクシャフト

バランス率をとるためにカウターウエイトには穴がいくつも開けられており，ここにウエイトを埋め込むことでバランス率を変えることができる。

垂直単気筒（または360°2気筒）クランクのバランス

$$バランス率K = \frac{アンバランス重量（回転体）}{往復部重量} \times 100$$

$$= \frac{W+コンロッドの往復部重量}{ピストン及びピストンピン，ピストンリング+コンロッドの往復部重量} \times 100 = 60\sim70\%$$

ナイフエッジ上で
水平になるよう
Wを調整したとき

W

チューニングにあたっては，このバランス率をチェックし，これを上げる方法を講じる。しかし，カウンターウエイトが大きく重くなることは好ましくない。そこで，カウンターウエイトの先端部にタングステンなどのように比重の大きい金属を埋め込む。同じ重量なら回転中心から遠いところにあったほうが，バランス率を上げるにも遠心力の働きで少ない質量ですむからだ。さらに，効果的なのはピストンやコンロッドが軽量化されれば，カウンターウエイトの反対側の重量がそれだけ小さくなるから，バランス率は上がることになる。

②オフセット荷重を減らす

クランクシャフトの軽量化を図るには剛性が落ちない範囲で行うが，同時に回転部分の重量を減らし，バランス率を上げることを考える。そのためにはクランクウ

クランクウェブ部の軽量化

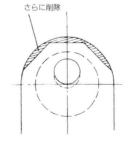

クランクシャフトの軽量化のためでなく，バランス率を変えるためにもカウンターウェブの軽量化は必要になる。クランクウェブの肩部を削るとともに穴を開けることで軽量化を図る。

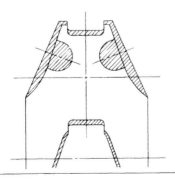

さらに削除

ェブのカウンターウエイトと反対側のクランクアーム先端部分の贅肉を落とす。ク
ランクシャフトは上下にかかる力が大きいから，その影響の少ないアームの先端の
肉厚を薄くしても剛性はあまり変わらない。先端部分からテーパー状に図のように
グラインダーやリューターで削る。さらにピン側の部分も削り落とすことが可能な
ら軽量化を図る。この場合，近くをオイルの通路穴が開いているから注意する必要
がある。これはフライスなどで穴を開ける。もちろん，クランクウェブの一対にな
っている両方に同じような穴を対称に開けてバランスをとらなくてはならない。

③カウンターウエイトの空力的処理をする

　高回転でまわるエンジンのカウンターウエイトはものすごいスピードで回転して
いる。とくに先端部分になると，8000rpmほどであっても軽く200km/hを超えた速さ
で回転していることになる。エンジンの中のことだから目にすることができないが，
カウンターウエイトはオイルや空気をものすごい速さで切り開いて回転している。
したがって，その回転に抵抗となる形状であってはロスが大きい。クルマの形状で
CD値を問題にするのと同じように，カウンターウエイトの空力について配慮する必
要がある。つまり，一般的にウエイトのサイドの部分は角材のように平らな面とな

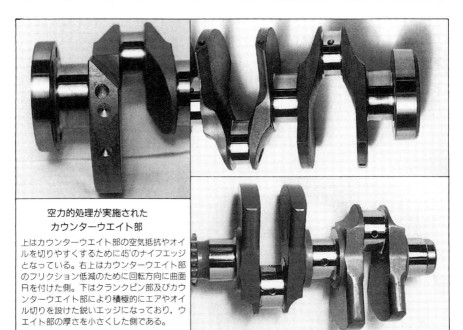

**空力的処理が実施された
カウンターウエイト部**

上はカウンターウエイト部の空気抵抗やオイ
ルを切りやすくするために45°のナイフエッジ
となっている。右上はカウンターウエイト部
のフリクション低減のために回転方向に曲面
Rを付けた側。下はクランクピン部及びカウ
ンターウエイト部により積極的にエアやオイ
ル切りを設けた鋭いエッジになっており，ウ
エイト部の厚さを小さくした側である。

っているが，ここを丸くして先端にいくほど細くした形状にして抵抗を小さくする。クルマのボディ形状をウエッジシェイプにするのと同じ発想である。さらに，この部分を磨くことで，その効果を大きくする。これは回転を上げれば上げるほど効果がある。こうなると，カウンターウエイトのほうが削られる部分が多く，バランス率は低くなるが，それはヘビーメタルをカウンターウエイトの先端に埋め込むことで対策する。

④クランクアセンブリのバランスを取り直す

　4気筒エンジンのフルカウンタータイプのクランクシャフトには，カウンターウエイトが8つ付いているが，これらすべてのバランスがとれていないと振動が大きくなり，回転はスムーズにならない。そのためにバランスどりを実施する。ノーマルのエンジンではあまり回転を上げないから，そう問題にすることもないが，チューニングする場合には精密なウエイトのバランスにする。これはダイナミックバランサーで計測するが，できれば5g・cm以内におさめるようにする。クラッチ，フライホイールなどをアセンブリにして一体バランスを取り直し，アンバランス量を全体として極力減らすようにする。

⑤ピンとジャーナルの真円度を出す

　クランクシャフトの回転はエンジン性能の基本中の基本となるものだ。したがって，この部分がきれいに真円になっているかどうかのチェックをする。さらに，クランクピンやメインジャーナルの面粗度を上げるために表面を鏡面仕上げする。最

バランシングマシンによる
クランクシャフトのダイナミックバランス

クランクシャフトのバランスをとる
ことは，スムーズに回転するために
重要なこと。振動を抑えるためにも
バランシングをしっかりとることだ。

近のノーマルエンジンはかなりぴかぴかになっており，面粗度は上がっている。クランクシャフトを写真で見ても，ピンのところはぴかぴかになっているのが分かる。だからといって，それでいいわけではない。さらに凹凸が0.05μmくらいになるようにスーパーフィニッシュする。どこまで凹凸がなくなったかは，面粗度計で計る。10ポイントくらいの平均値を出し，鏡面に仕上がっているかチェックする。このとき，研磨することでピンやジャーナルが樽型や鼓型に変形しないように注意する。コンパウンドで磨いた上に，ダイヤモンドペーストで機械に付けて，ていねいに磨

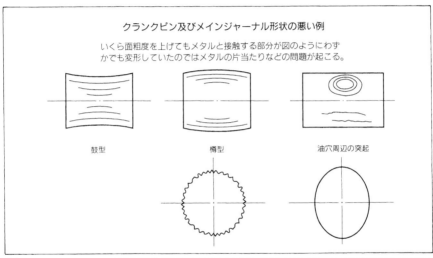

クランクピン及びメインジャーナル形状の悪い例

いくら面粗度を上げてもメタルと接触する部分が図のようにわずかでも変形していたのではメタルの片当たりなどの問題が起こる。

鼓型　　　　　　　　　樽型　　　　　　　　油穴周辺の突起

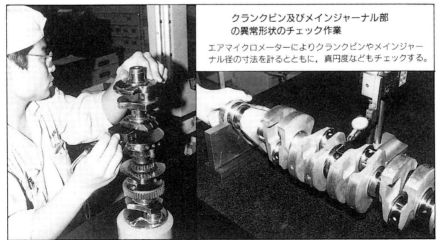

クランクピン及びメインジャーナル部の異常形状のチェック作業

エアマイクロメーターによりクランクピンやメインジャーナル径の寸法を計るとともに，真円度などもチェックする。

く。ここが鏡面になっていると，パワーアップされるだけでなく，燃費にも効いてくる。アイドリングのような極低速回転でも効果があり，もっともていねいに磨くべき部分である。

⑥クランクシャフトの曲がりをチェックする

　振動を少しでも小さくすることが大切で，クランクシャフトのねじれ振動を抑えることは大きな命題となっているが，肝心のクランクシャフトそのものが，わずかであっても曲がっていたのでは何にもならない。ノーマルのエンジンでは表面処理などを施すことで曲がっている場合があると考えたほうがいい。これはクランクシャフトをVブロックの上に立てて，ダイヤルゲージで計測する。曲がっていることが分かれば，プレスで曲げ修正を行う。できるだけゼロに近づける努力をするのは当然だが，狂いはおよそ100分の1mm以下になるようにする。

⑦クランクピンとジャーナルピン部のメタル幅を縮小する

　いうまでもなく，クランクピンはコンロッドとの結合部で，メインジャーナルはシリンダーブロックとの結合部である。金属同士の接触となるが，焼き付きを起こさないよう，間にプレーンベアリングであるメタルがはめ込まれている。高回転エンジンでは当然ピンの周速が速くなりメタルにかかる圧力も大きくなる。メタルとピンの間にオイルの膜ができていないと焼き付きを起こす。とくにコンロッドメタ

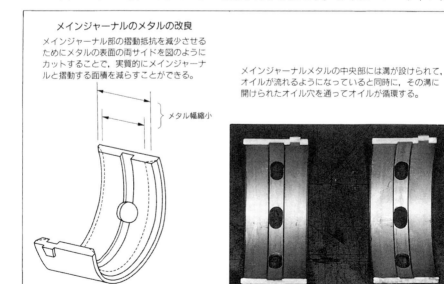

メインジャーナルのメタルの改良
メインジャーナル部の摺動抵抗を減少させるためにメタルの表面の両サイドを図のようにカットすることで，実質的にメインジャーナルと摺動する面積を減らすことができる。

メタル幅縮小

メインジャーナルメタルの中央部には溝が設けられて，オイルが流れるようになっていると同時に，その溝に開けられたオイル穴を通ってオイルが循環する。

ルのほうの荷重が大きいので，レーシンクエンジンではその焼き付きを防ぐことは
重要な課題となっている。

　また，クランクシャフトのねじれ振動を防ぐためにはメインジャーナルの径を太
くしたり，幅を広げたりするが，そうなるとフリクションロスが大きくなる。ねじ
れ振動は性能に与える影響が大きいが，フリクションロスが大きくなったのでは，
何のために高回転化しているか分からなくなる。このあたりのバランスをうまくと
るのがチューニングの大切なところである。というのは，クランクピンとメインジ
ャーナルの幅と太さをできるだけ小さくすることが性能を向上させるかどうかのカ
ギとなっているからである。ということで，ここではピンの幅を狭くすることで，
フリクションロスの低減を図ることを考えたい。

　もちろん，やみくもに幅を縮小するわけにはいかない。メタルにかかる荷重をど
れだけ小さくすることができたかが問題になる。回転を上げていけば負担が大きく
なるのだから，慎重にやらないとトラブルの原因をつくっていることになる。縮小
するといっても，メタルの幅を全体に詰めるわけではない。メタルがピンと接触す
る部分の幅を狭くするのだ。つまり，メタルの厚みを利用して，図で見るように両
サイドを斜めに削り落とすことで，幅を狭くしたのと同じ効果を生み出す。メタル
のピンとの当たり面を少なくする。フリクションロスを減少させるにはこうしたこ
との積み重ねが必要である。

　ところで，メタル幅の縮小を可能にするには，ピストンやコンロッドの軽量化が

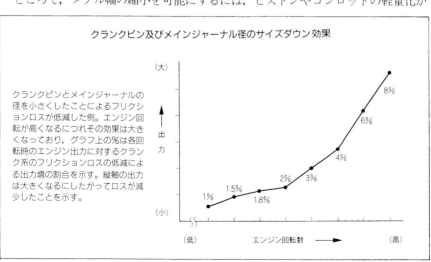

クランクピン及びメインジャーナル径のサイズダウン効果

クランクピンとメインジャーナルの
径を小さくしたことによるフリクシ
ョンロスが低減した例。エンジン回
転が高くなるにつれその効果は大き
くなっており，グラフ上の%は各回
転時のエンジン出力に対するクラン
ク系のフリクションロスの低減によ
る出力増の割合を示す。縦軸の出力
は大きくなるにしたがってロスが減
少したことを示す。

（大）

出力

（小）

1%　1.5%　1.8%　2%　3%　4%　6%　8%

（低）　エンジン回転数　➡　（高）

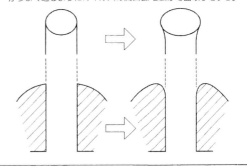

メインジャーナルの面取りされたオイル穴

回転運動を続けるクランクシャフトは，ピンとジャーナル部にオイルを供給することが重要。そのために少しでもオイルがうまく通るようにオイル穴の開口部を広げて面取りをする。

図られていること，ピン部の面粗度を大いに上げていることなど，メタルにかかる負担がどれだけ小さくなっているかで決まる。しかし，実際にどこまでできるか計算で分かるものではない。たとえば，1㎜だけ狭くしてベンチでエンジンをまわしてみる。焼き付くと荷重が下がるからエンジンに致命的なトラブルが発生しない前にエンジンを止める。このテストで問題ないことが分かれば安心して幅を詰めることができる。余裕があるようなら，2㎜まで詰めてみるのもいいかもしれない。しかし，あくまでも慎重にやる必要がある。クランクピンに熱伝対を入れてピン部の温度がどの程度まで上昇するか見る。あるところまで上がってもそれ以上上がらなければ，問題がないとみていいだろう。もちろん，ちょっとでもおかしければやらないほうがいい。ベンチテストを行って，すぐに結果が出るようにすることだ。

⑧オイルを供給しやすいように手入れする

　メタルの油膜が切れないようにしないと，エンジンは致命的なトラブルに見舞われる。クランクシャフトの中側にオイルの通る穴が開けられており，メインジャーナルからクランクピン側に給油される。しかし，クランクシャフトが回転しているために遠心力が働いて，オイルが弾き飛ばされてスムーズに供給されない恐れがある。もちろん，ノーマルエンジンでもそれを考えてオイル穴とその通路がつくられているが，回転を上げるほど遠心油圧が大きくなってメタルへの供給油圧は下がるので，その対策を図る必要がある。

　簡単にできるのは，油圧を上げてオイルの供給量をふやすことだが，そのためにはオイルポンプの容量を大きくするなどでフリクションロスがふえて好ましくない。

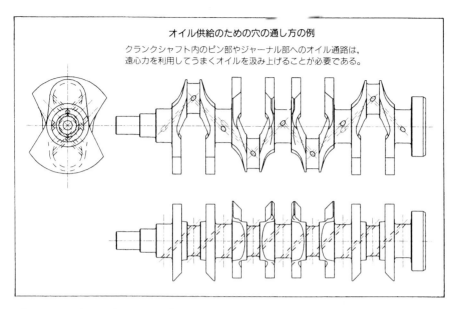

オイル供給のための穴の通し方の例

クランクシャフト内のピン部やジャーナル部へのオイル通路は、
遠心力を利用してうまくオイルを汲み上げることが必要である。

そこで、オイルが穴に入りやすく、同時に出やすいように、穴の周囲に面取りをする。口の小さいビンに流体を入れやすくするために漏斗を使うのと同じように、穴のまわりにRを付けて広げてやる。ノーマルエンジンでは、加工性のよさを優先しているから、面取りはしていないのがふつうだ。

さらに、高回転エンジンにした場合は、オイル通路と穴を開ける位置を検討して、オイルの供給をよくする努力をすることも必要になる。クランクシャフトの中を通るオイルが、遠心力をうまく利用してオイル通路から穴に入り、その勢いで出るようになれば、油圧を上げないでメタルに多くのオイルを供給することが可能になる。クランクシャフトの回転をポンピング作用にしてスカベンジング効果を発揮させるわけだ。この際、メインジャーナルのメタルのハウジング部に溝を切ってそこにオイルが流れるようにしてあるが、この溝に流れを止めるためにバックグランドに堰（せき）を設ける。こうすることでオイルを溜めておけるので、オイル穴にオイルを切れ目なく供給することができる。オイルのメタルへの供給をスムーズにする配慮は、回転を上げれば上げるほど重要になってくる。

（2）クランクシャフトの新設

レース用のエンジンでは、性能の追求が徹底的になされるから、その場合はクラ

ンクシャフトを改良して使用するより，目標性能に見合ったクランクシャフトを新設したほうがはるかによい。もちろん，設計にあたってはピストンやコンロッドなどの部品をどうするかとの関係を折り込み，新設しただけの効果を発揮できるものにしなくてはならない。

　大切なことは，クランクシャフトをどこまでコンパクトにして剛性を確保できるか，同時にいかにフリクションロスの少ないものにできるか，いかに重くしないでバランス率を上げることができるかがポイントとなる。それらを追求した設計をし，ノーマルエンジンのものより高級な材料を使用し，強度を上げるための表面処理を施すことが必要だ。

①クランクシャフトの素材と表面処理

　ノーマルエンジンのクランクシャフトは，その多くが鉄系の鍛造であるが，新設する場合はまずは材料そのものから吟味する。レース用ではクロムモリブデン鋼またはニッケルクロムモリブデン鋼，あるいは窒化鋼のEN40Bと呼ばれる高級な材料を用いることもある。ニッケルやクロムを含有すること及びタフトライド処理を施すなどして，応力や疲労強度が強く，剛性のあるクランクシャフトにする。いずれ

クランクシャフトのピン径及びジャーナル径のサイズダウン

クランクシャフトの剛性を確保しながら，ピンやジャーナルのサイズダウンを図るのは大変だ。ピストンやコンロッドの軽量化で負担を少なくするなどの努力が必要。下のクランクシャフトは上のものに比較するとわずかであるがサイズダウンされており，その結果フリクションロスが小さくなっている。

も，カーボン，ニッケル，クロム，モリブデン，バナジウム，アルミなどを混入することで強度や剛性を上げることができ，これらの混入の割合で性質に若干の違いが見られ，狙いによって使い分けることもある。

　大事なことは，表面処理の仕方である。ノーマルエンジンのクランクシャフトでもタフトライド処理によって表面の硬度が上げられているが，生産性を上げるために高温で短時間の処理にとどまっている。しかし，それでは表面のわずかな厚さが硬くなっているだけなので，時間を充分にかけ低温でタフトライド処理をして，表面から内部に入った部分まで硬度を上げるようにする。化合物の粒子を細かく均等にし，微細な結晶を表面からある程度の内部まで浸透させることで，硬度の深さを確保することが重要である。さらにメタルの当たる部分の表面硬度を上げる方法を追求することも必要である。

　こうした強くてねじれやゆがみに耐えられる材料を使うことを考慮して，設計を進めることになる。

②剛性の確保とコンパクト設計

　クランクシャフトは運動部品の中では大きく重いものであるから，軽量化を図る必要があるが，性能の中心になるからスムーズに回転させることが優先される。したがって，ピストンやコンロッドをいかに軽量化してあるかが問題になる。とくにフリクションロスを小さくするために，クランクピンやメインジャーナル径を細くしなくては，何のためにクランクシャフトを新設したか分からない。往復重量と回転重量をシミュレーションし，それに基づいてクランクピンとメインジャーナルの径と幅を決めた上で，クランクシャフトの設計をする。

③カウンターウエイトとバランス率

　クランクシャフトをコンパクトにするには，カウンターウエイトの外周をいかに小さくできるかである。コンロッドの回転軌跡の半径より小さいカウンターウエイトにすれば，クランクセンターを下げることができる。そうすれば，オイルパンを浅くすることができ，エンジンの重心を下げることができる。これも，クランクシャフトを新設するメリットである。エンジンの重心位置を10〜15mmほど低くすることができれば，レーシングカーではその走行性能に与える影響は大きい。したがって，クランクシャフトの新設が認められているF3マシンではクランクシャフトを新しくするのは必須である。

　ここで注意するのは，カウンターウエイトを小さくしてもバランス率が下がらな

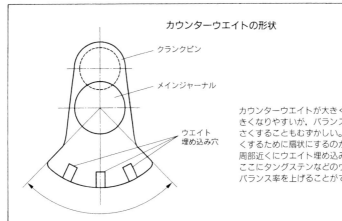

カウンターウエイトの形状

クランクピン

メインジャーナル

ウエイト
埋め込み穴

カウンターウエイトが大きくなると振動も大きくなりやすいが，バランス率を考えると小さくすることもむずかしい。回転の外側を重くするために扇状にするのが効果的だが，外周部近くにウエイト埋め込み用の穴を開け，ここにタングステンなどのウエイトを入れてバランス率を上げることができる。

いようにすることだ。そのために，ヘビーメタルをカウンターウエイトの先端部分に埋め込めば，カウンターウエイトを大きくしないですむ。しかし，回転の質量はセンターから遠くなったほうが大きくなるから，カウンターウエイトを小さくするといっても限度がある。

④クランクシャフトのオーバーハングに余分なものを付けない

　クランクシャフトはカムの回転や補機類の駆動に利用され，フライホイールが付けられている。つまり，クランクシャフトの両端に力がかかっている状態になっている。この場合，どちらか一方にかかる力が大きいとクランクシャフトがねじれて

クランクシャフトの補機類の駆動

クランクシャフトの回転は，カムをはじめオルタネーターやポンプ類の駆動にも使われる。クランクシャフトからのベルトのかかり方がうまくないとシャフトの曲がりの原因となり，性能をうまく出すことができなくなる。

クランクシャフトに課せられた各項目を折り込んだクランクシャフトアセンブリ

しまう。そうでなくとも，高回転でまわるとねじれ振動を起こしやすいものである
から，こうした事態が好ましくないのは当然のことだ。たとえば，ウォーターポン
プをまわすベルトがぴんぴんに張っていると，かなりな力がかかっている。とくに
直列6気筒エンジンのようにクランクシャフトが長くなると，クランクシャフトの
ねじれがさらに大きくなる。ねじれが大きくなるとピストンの動きがずれ，点火時
期などが狂って性能が悪化する。

　そのために，クランクシャフトが長くなる場合は，マスダンパーを付けてねじれ
を起こさないようにする。回転を上げていけば，このダンパーの効果は大きなもの
となる。この場合，ダンパーの回転数にマッチングをとることが重要である。

⑤回転の慣性モーメントを大きくする

　新設されたクランクシャフトが，スムーズにまわるかをテストする。次頁の図の
ように円盤状のテーブルに10mほどのピアノ線を吊り，クランクシャフトを立てて置
いて，テーブルをまわしてみる。そのまわるスピードで慣性モーメントを計算する。
目で見てスムーズにうまくまわるか，すぐに止まるか変なまわり方をするかでも分
かるはずだ。エンジンの燃焼は一般には等間隔であるが，間欠燃焼であるから，ク
ランクシャフトをまわそうとする力は平均化されない。それをなくすためにフライ
ホイールが付けられているが，クランクシャフト自身の回転の慣性モーメントが大
きければ，かなりカバーできるはずだ。

　慣性モーメントを大きくすれば，クランクシャフトの回転をスムーズにし，フリ
クションロスの増大を食い止めることができる。

　そのためには，クランクセンターから遠くに錘を付けるとよい。カウンターウェ
イトの先端を重くすることになるが，同時にカウンターウエイトの反対側の回転重

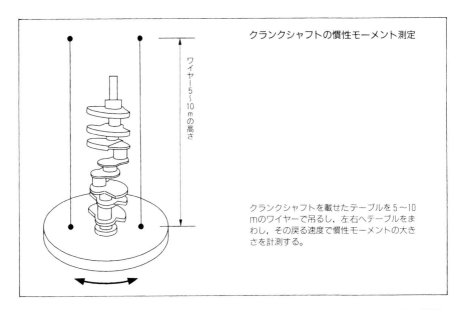

クランクシャフトの慣性モーメント測定

クランクシャフトを載せたテーブルを5〜10
mのワイヤーで吊るし，左右へテーブルをま
わし，その戻る速度で慣性モーメントの大き
さを計測する。

ワイヤー5〜10ｍの高さ

量もふやしてやる必要がある。たとえば，クランクシャフトのチューニングで説明
した軽量化のためにウェブの先の部分を削り落とすことは有効であったが，逆に最
先端部分に錘を付けることで，慣性モーメントを大きくする場合もある。クランク
シャフトそのものをコンパクトにすることは大切だが，いたずらに軽くすることだ
けを優先するのは決してよいことではない。

〔ピストン系〕

　往復運動するピストンは，燃焼室を形成する部品であり，高回転化するためには
チューニングのカギになるもので，技術的な追求がどこまでなされているか，その
形を見るだけである程度分かるといっていいものだ。ノーマルエンジンのピストン
にしても，最近のものは軽量化が図られると同時に無駄のない設計をしたものが出
現している。燃費を向上させるためにも，燃焼効率のよい形状にすることが大切で，
結果としてチューニングの方向と同じような技術的追求が自動車メーカーによって
シビアに行われるようになりつつある。
　まずノーマルエンジンのピストンの改良について，機能上重視することと性能向
上のためのチューニングの方法を述べ，ついでピストンを新たにつくる場合のやり

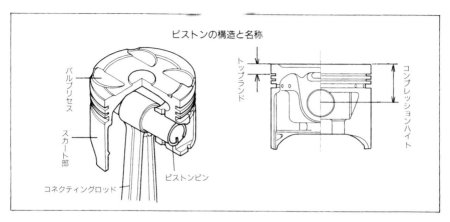

ピストンの構造と名称

バルブリセス

スカート部

コネクティングロッド

ピストンピン

トップランド

コンプレッションハイト

方について考えてみたい。

　ここでも，エンジンをチューニングする狙いが明瞭になっていないと，チューニングの方向が定まらない。性能向上を図るほど耐久性を犠牲にすることになるが，ピストンはその最たるもので，オーバーホールなどでピストンを交換するまで，どのくらい走行することにするか決めなくては始まらない。

（1）機能上重視する箇所

　ピストンは運転中，垂直に上下することが基本である。そのためにシリンダーの真円度や垂直度を問題にしてきたのであるが，肝心のピストンがそれに対応したものになっていなければ何もならない。しかも，熱を受ける度合いがピストンの部位によってかなり異なるので，熱膨張の違いをよく計算してピストンの形状が決められる。たとえば，ピンボスのある両方向のスカート部が短くなっているのがふつうだが，ピンボスの部分には当然のことながら肉が多く付いているので熱膨張が大きく，スカートの長いピンボスと90°異なる方向の円周上のスカート部分より冷間時には直径が短くなっている。運転していない状態のピストンのスカート形状は，ピンボス側が短径の楕円状になっているのはご存じのとおりだ。

　それだけではなく，スカートそのものの上下方向も正確には垂直になっておらず，わずかであるがRが付けられている。オイルリングの溝のすぐ下から膨らみが付き，中央部あたりはその膨らみが大きくなっている。スカートが長いピストンでは中央部は真っすぐになっており，スカート下部が内側にわずかに入り込んだR形状になっている。ピストンスカートは，ピストンの横揺れを防止するだけでなく，ピスト

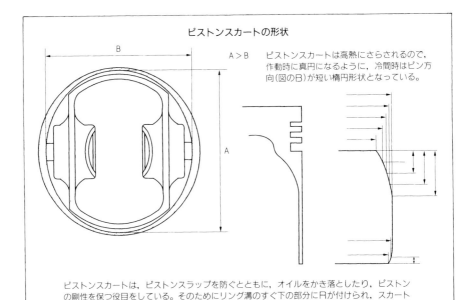

ピストンスカートの形状

B

A > B　ピストンスカートは高熱にさらされるので，作動時に真円になるように，冷間時はピン方向（図のB）が短い楕円形状となっている。

A

ピストンスカートは，ピストンスラップを防ぐとともに，オイルをかき落としたり，ピストンの剛性を保つ役目をしている。そのためにリング溝のすぐ下の部分にRが付けられ，スカート下部も内側にRが付けられている。また，ピストンは熱にさらされる部品なので冷間時にはピンボス側を短径とした楕円状になっており，作動中に真円になるような形状にしている。

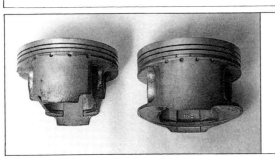

ピストンスカートの違い

現在は左側のいわゆるT型ピストンが多くなっているが，ターボなどの強力な燃焼圧に耐えるようにスカート下部も円形にして剛性を確保したピストンもある。かつてのピストンはスカート全周が円形のソリッド型が普及していたが，現在はあまり見られない。

ンリングがオイルをかき落とす助けをしているのである。

①スカートの剛性

　上下するピストンがシリンダー壁とまんべんなく当たるようにするためには，スカートの剛性が確保されている必要がある。そのためにこの部分の肉厚を落とすことは賢明ではない。ただし，スカートの変形が起こる前に頻繁に交換することにすれば，ある程度は可能である。また，軽量化のために，スカートを短くするのもよくない。ピストンのサイドスラスト（横揺れ）を防ぐことはフリクションロスを小さくするために大切なことであるが，スカート形状を変えるとそれが大きくなる恐れ

がある．それに，オイル消費がふえるという問題が出てくる恐れがある．スカート
が長いとオイルリングの働きを助けられるが，スカートを単純に短くするとスカー
ト下部のRの付き方が変わってしまうために，シリンダー壁をかじることになりか
ねない．上下動するピストンはシリンダー壁に叩かれながら動いているといってよ
く，スカートの裾のところは激しく叩かれるからもっとも変形しやすい．そうした
変形が起こらないような形状になっている必要がある．

②リング溝の形状のチェック

ピストンリングはガスとオイルをシールするものなので，しっかりとリング溝に
はめ込まれていなくてはならない．そのために溝が真円になっているか，溝の幅が
全周にわたって平行になっているかなどをチェックする．また，溝がわずかでも下
向きに倒れる形になっていると，ブローバイガスを多く発生させることになるので
よくチェックする．ピストンリングが溝の中で踊ってしまうようなことがあっては
ならない．リングは溝の中でまわっているものの，きっちりとはめ込まれるように
するのはピストン側の問題である．ピストンリングのチューニングについては詳し
く後述する．

③ピストンのトップランド径寸法の検討

トップリング溝の上の円周部分がトップランドで，次がセカンドランド，その下
がサードランドであるが，ここではトップランドについて考えてみよう．

冷間時にランド部は，スカートと同じように楕円とテーパーの複合形状になって

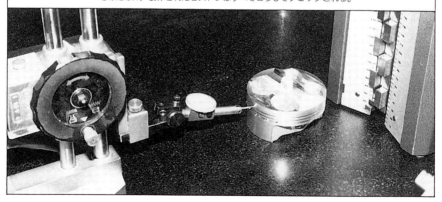

ピストンリング溝のチェック

リング溝に倒れやうねりがあっては，リングがうまく働いてくれない．
そのために，製作されたピストンはすべてこうしてチェックされる．

ピストンリング溝形状の悪い例

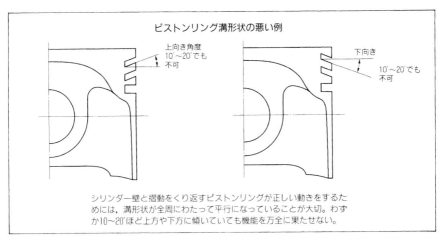

シリンダー壁と摺動をくり返すピストンリングが正しい動きをするためには，溝形状が全周にわたって平行になっていることが大切。わずか10～20′ほど上方や下方に傾いていても機能を万全に果たせない。

トップリング溝の摩耗比較

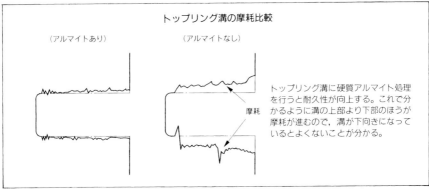

（アルマイトあり）　　　　　　（アルマイトなし）

トップリング溝に硬質アルマイト処理を行うと耐久性が向上する。これで分かるように溝の上部より下部のほうが摩耗が進むので，溝が下向きになっているとよくないことが分かる。

ピストン表面処理の実例

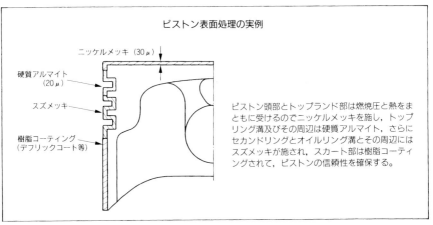

ピストン頭部とトップランド部は燃焼圧と熱をまともに受けるのでニッケルメッキを施し，トップリング溝及びその周辺は硬質アルマイト，さらにセカンドリングとオイルリング溝とその周辺にはスズメッキが施され，スカート部は樹脂コーティングされて，ピストンの信頼性を確保する。

いろ。とくにトップランドは相当な熱を受けるのでそれが顕著である。作動時に真円になればいいわけだが，トップランドはシリンダー壁とのクリアランスができるだけ小さいほうがいい。燃焼室のガスがリングに当たる量を少なくすれば，それだけリングの働きを助けることができる。ガスのシールはきわめて大切だが，そのためにリングに負担をかけるとフリクションロスがふえる。ガスのシールをトップランド部分にもある程度受け持たせようという考えである。さらに，シリンダーとのクリアランスが小さいと，ピストンのサイドスラストを防ぐことができる。フリクションロスを小さくするためにも，トップランドの形状はよくチェックすることが大切になる。また，ラビリンス効果をもたせ，圧力がダウンするように小さい溝加工をする。

④ピストンピンのオフセット

　ピストンピンはピストンの受けた燃焼圧力をコンロッドに伝える役目をしているが，ピストンの横揺れを防ぐためにわずかにオフセットされている。これがシール性にも関係する。オフセット量は0.25，0.50，0.75，1.00mmと各種変えて，オイル消費，ブローバイの効果を見て，どのくらいが適当か決める。

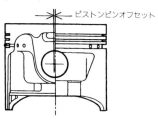

ピストンピンオフセット

ピストンピンオフセット

オフセット量はシール性にも関係するので，どのくらいの量が適当か実験によって確かめることが必要だ。

スリッパー型ピストン

かつてはソリッドタイプのピストンが一般的だったが，ノーマル用でも現在はスリッパータイプのスカート形状のものが多くなっている。これはピストンピン寸法を短く，スカート丈も短くなった高度なチューニングがされたピストン。

（2）圧縮比の向上とピストン頭部の形状

　燃焼室の底部を形成するのがピストンの頭部で，ピストンクラウンとかピストン冠部といわれる部分である。この形状がエンジン性能に重大な影響を及ぼすのはご存じのとおりだ。燃焼室の形状は，S／V比が小さいほうがよいのは前にも触れたが，そのためには燃焼室ができるだけ凸凹していないことだ。しかし，近年のエンジンは圧縮比の向上を図っている関係でピストンの頭部がフラットでなく，バルブリセスがとられた上に真ん中部分が山型に盛り上がっているタイプのものがよく見られる。ここでは，こうしたタイプのピストンを中心に考えることにしたい。

①ピストン頭部形状の改良

　詳しくはシリンダーヘッドや燃焼室のところで述べることになるが，燃焼をよくすることが性能向上には欠かせない課題である。そのためにピストン頭部の形状は大いに関係がある。まずやらなければならないことは，頭部をなめらかにすることだ。というのは，出力を上げるには急速燃焼をさせること，すなわち火炎の伝播を速くすることが必要である。ノーマルのエンジンはほとんど鋳造でできているから，

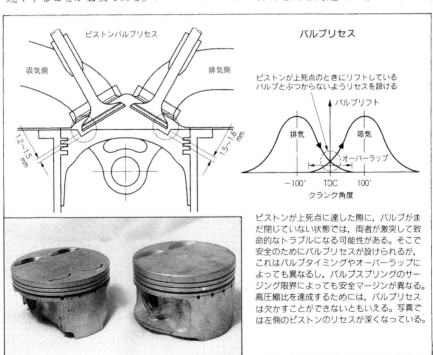

ピストンバルブリセス　バルブリセス
吸気側　排気側

ピストンが上死点のときにリフトしているバルブとぶつからないようリセスを設ける

バルブリフト
排気　吸気
オーバーラップ
−100°　TDC　100°
クランク角度

ピストンが上死点に達した際に，バルブがまだ閉じていない状態では，両者が激突して致命的なトラブルになる可能性がある。そこで安全のためにバルブリセスが設けられるが，これはバルブタイミングやオーバーラップによっても異なるし，バルブスプリングのサージング限界によっても安全マージンが異なる。高圧縮比を達成するためには，バルブリセスは欠かすことができないともいえる。写真では左側のピストンのリセスが深くなっている。

その鋳物の肌をなくし，表面を磨くことで凹凸をなくす。さらに，ピストンとバルブの接触を防ぐために付けられたバルブリセスが角型になっていれば，凹み部分にRを付けて火炎がなめらかに伝わるようにする。角張ったところがあれば，そのまわりで渦が形成されて火炎の広がりを邪魔する。それを最小限にするために角をとって丸くするとかなり効果がある。さらに熱の伝達を防ぎ，エネルギーを有効に使うためにピストン表面を鏡面仕上げする。こうした配慮はノーマルエンジンでも行き届いたものもなかにはあるが，そうしたきめ細かい設計がなされていないのが現状である。

②圧縮比のアップ

　パワーを上げるためには，圧縮比を上げることは必須である。できるなら最大限に上げることが望ましいが，ノッキングが起こる限界までということになる。その限界を高めることがチューニングの大きな課題であるが，ここではその手前の話になるが，燃焼室形状をよくすることとの関連で見ることにしよう。

　ノーマルエンジンでは，トラブルが出ないように安全マージンを大きく取っている。そのためにバルブリセスは深めになっている。というのは，バルブスプリングがサージングを起こした場合にバルブの開閉のタイミングが狂い，バルブがピストンと当たる危険性が考慮されているし，ピストンとバルブのもっとも近づく距離も余裕がある設定になっている。安全性のために多少燃焼が悪くなることはやむを得ないという考えである。

鋳物の肌が分かるノーマルピストン（左）との比較
ノーマルのピストンはアルミの鋳造製なのでその鋳肌が残っている場合が多い。チューニング用の鍛造製のピストンでは表面を磨くことで軽量化と燃焼効率の向上を目指す。

高圧縮比化したピストン頭部
これはモーターサイクル用エンジンの例だが，中央の盛り上がりで圧縮比を高めているだけでなく，バルブ傘部の燃焼室側の凹みまで考慮して，大きなバルブリセスの中央部は丸く盛り上がっている。左はノーマルで右が軽量化を考慮してチューニングされたピストン。

チューニングの場合はそれでは無駄である。そこで，後述するようにバルブスプリングのサージングを抑える措置を施してバルブの開閉タイミングの狂いを小さくすることで，できるだけリセスを浅くする努力をする。たとえ，バルブスプリングがそのままであっても，カムをベルトで駆動するエンジンではリセスを浅くすることができる。コグドベルトが目とびを起こしてベルトが滑ることでカムタイミングが狂っても，ピストンと当たることを避けるためにリセスが深めになっている。さらに，ピストンとバルブの距離がノーマルエンジンでは1.5mmほどに設定されている。これを0.5mmにするなどでリセスを浅くする努力をする。バルブリセスが浅くなれば，それだけで圧縮比が向上したことになる。しかも，燃焼室の形状も良好になるから，性能に寄与する度合いが大きい。

さらに圧縮比を上げようとすれば，ピストン頭部を盛り上げることになるが，燃焼室の中央のボリュームが小さくなるような山型のピストンにして圧縮比を上げるのは燃焼が悪くなるので好ましくない。このへんのかね合いは，シリンダーヘッド側をどうするかによるから，ピストンだけでなく，総合的な判断の上に立って考えていかなくてはならないことである。NAエンジンでは圧縮比は12.0〜13.5くらいを限界にして，ターボエンジンでは8.8〜9.5くらいを目安にチューニングする。

③ピストンの軽量化

往復運動するピストンを軽くすることは，高回転化のためにはかなり重要なアイ

テムであるが，ノーマルのものを改良する場合は，大幅な軽量化はできないと思ったほうがいい。新設する部品の中では比較的つくりやすいものなので，軽量化を考えるなら新しいピストンにするほうがいいが，ノーマルピストンもまったく軽量化できないわけではない。ピストンの剛性を落とさずに軽くすることは積極的にやるべきである。

　最初に考えられるのは，ピンボスまわりだ。ピストンピンにかかる力はかなり大

軽量化されたピストン(右)
スカート部の肉抜きによる軽量化。しかし，これによって耐久性が落ちるので，ピストンの交換は左のものの場合より頻繁に行う必要がある。

ピンボス部の軽量化

ピストンピンにかかる衝撃は上へ突き上げる慣性力のほうが燃焼圧力で受ける力よりはるかに大きいので，ピストンピンボスの下側は力のかかり方が少ない。そこで図のようにテーパー状にボス部を削って軽量化を図る。写真のピストンはその実例。

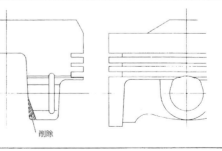

削除

きいが，もっとも大きいのはピストンが上死点に上がった瞬間で，コンロッドボルトなどに最大の力が作用する。ピストンボス部においては，ピストン及びピストンリングの重量の合計による慣性力だけが作用するので，ボスの下側では面圧荷重が下がり，ピンボスの下部分に向かってテーパー状に広げてボス部の肉を落とすことが可能である。あまり広げる角度を大きくするとよくないが，この部分の軽量化がもっとも無難なところだ。また，燃焼圧力によるピンボス部への荷重は，ターボチャージャーの場合は，面積確保と変形によるゆがみを考慮する必要がある。そのため，ゆがみを逃がすためにピンの入るボス部の斜め上方に溝が付けられるので，この部分の軽量化は無理である。

　そのほかでは，ピストン頭部の裏側も，余肉がある場合はそれを削ることで軽くできるが，リセスがある場合は注意しないと，燃焼圧力に耐えきれなくなってしまう。同様に，スカートのピンボス側の部分に穴を開けると軽量化できるが，これは間違いなくピストンの剛性が落ちるので，使用時間の管理がきちんとできることが前提である。

　もちろん，前述したように，スカートの肉厚を薄くすることやスカート丈を短くすることはあまり得策とはいえない。もし，それでも軽量化を優先させてやるとすれば，スカート丈を5〜10mmほど短縮し，ピストンクリアランスもノーマルよりも10μmくらい狭く設定し，スカート部のオイルリング溝部の下側をペーターなどで削り，プロフィールを手直しして焼き付きを防止させる。こうした配慮をして初めて使用が可能となる。

④ピストンピンの軽量化

　ピストンとコンロッドを結びつけるピストンピンは，上下動により変形するほどの圧力を受けるので，材料は硬い浸炭鋼が用いられているが，くり返しの圧縮に耐えられるものでなくてはならない。そのために中空になっている肉を薄くして軽量化を図ると割れてしまう恐れがある。そこで，軽量化を図るために，力のかかる中心部分の厚みを残して，ピンの両端にいくほど薄くするという方法をとる。剛性を落とさずに軽くすることが基本である。次頁の図のようにピン内側を両端に向けてテーパー状に削る。軽量化を図ったピストンピンは，疲労で外側から割れる恐れがあるので，長く使用するのは避けたほうが賢明であろう。

　ピストンを新設する場合は，ピンの太さや長さを見直す。ピンの長さが短くなれば軽量化できると同時に曲げに対して強くなる。ノーマルのコンロッド幅を詰め，

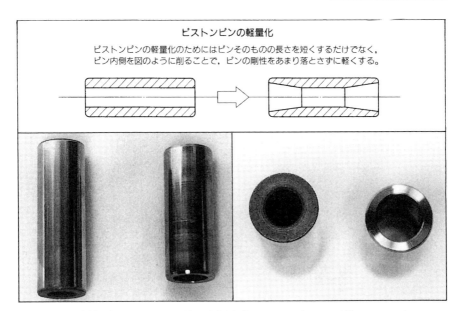

ピストンピンの軽量化

ピストンピンの軽量化のためにはピンそのものの長さを短くするだけでなく，ピン内側を図のように削ることで，ピンの剛性をあまり落とさずに軽くする。

ピンボスの幅も詰めればピンの長さを短くすることは充分に可能だ。たとえば，ノーマルのコンロッド幅が20mmのものを18mmにして，ピンボスの幅を22mmから19mmに短縮すれば，ノーマルでは64mmあったピンの長さを59mmまで短くすることができる。これに対し，ピン径を細くすると耐久強度が落ちる。いうまでもなく，同じ肉厚ならピン径が大きいほうが強度が大きくなる。ピン径を細くしすぎるのはよくないので，使用目的によってその太さを決めることになる。

（3）ピストンの新設

　ノーマルのピストンは生産性を優先して，アルミ合金の鋳造製となっている。新設するとなれば，当然鍛造製になる。そのほうが強度のあるピストンになるからだが，ターボエンジンで過給圧を上げた場合は，ピストンの軽量化より剛性を優先させてはならない。燃焼の圧力が大きくなってピストンにかかる負担が大幅に上がるから，鋳造のピストンではもたない。市販されているチューニングされたターボエンジン用のピストンは，強度を上げるために形状や肉厚が考えられたものになっている。つまり，ピストンの新設にあたっては，当然のことながらエンジンの狙いによってまったく異なるものとなる。高回転志向の場合は，軽量化の優先順位が高まるが，ピストンの使用時間をどのくらいにするかによって，どこまで思い切っ

た軽量化を図るかが決められる。いたずらに軽くするのではなく、ピストンとしての性能をきちんと発揮できる強度を保つようにしなくては何もならない。したがって、どこまでパワーアップするか、どのような使い方をするか目標を明確にしないとピストンの設計の方向があいまいになる。

ピストンは、頭部からスカートの形状、さらには軽量化まで含めたスペックを、燃焼室の形やカムの作動角などとの関連で決めていく必要があり、ピストン単独で決めることができない。

①ピストンの材料

ノーマル用も同じアルミ合金であるが、鍛造用のアルミ合金（A4032, 2N01）はシリコンなどの含有率が鋳造用のもの（AC8Aなど）とは異なっている。どちらも耐摩耗性に優れ、熱膨張率が小さく、耐熱性のある素材であるが、鍛造用は高温に強く、溶接性にも優れている。ただし、熱膨張率が鋳造用と異なるので、それを計算に入れて設計する必要がある。

ピストンの軽量化が達成できれば、さらに高回転化できる可能性があるので、新素材の研究が行われているが、一般に使用されているアルミ合金に代わる材料をわたしは知らない。メーカーの先行開発の場合にはFRMのような軽くて強い材料が使われる可能性があるかもしれないが、実際にレースに使うなどの目的をもっている場合は、冒険することが賢明とは思えない。手に入れるのが大変な新素材は、コストがかかり加工もむずかしいから、そうしたものに挑戦する余裕があったら、その費用と手間を他のことに振り向けるべきである。こうした新材料の場合は、その特性をよく調査し、別のエンジンで評価した上で、初めて実際にその使用を検討すべきである。

②圧縮比の設定

レシプロエンジンの原点は燃焼室にある。したがって、それを形成するピストン

ピストン用アルミ合金の種類　　　　　　　　　　　（含有量%）

	銅	シリコン	マグネシウム	亜鉛	鉄	マンガン	ニッケル	チタン
●AC8A	1.05	12	1	<0.1	<0.8	<0.1	1.75	―
●AC8B	3	9.5	1	<0.5	<1.0	<0.5	1	―
●AC8P	3	9.5	0.6	<0.3	<0.5	0.6	―	―
●A4032	0.5〜1.3	11〜13	1	<0.25	<1.0	―	1.0	―
●2N01	2.0	1.0	1.5	<0.2	<1.0	<0.2	1.0	<0.2

鍛造によってつくられたピストン
の原型(右)と完成されたピストン

ノーマルピストンはアルミの鋳造製だが，
新設する場合は鍛造製がよい。写真のよ
うに鍛造でつくられたものを加工し，頭
部形状やリング溝が付けられる。

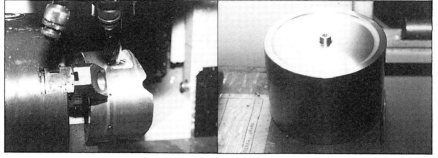

頭部形状をどうするかは，性能に直接影響を与えるから，ピストン設計のキーポイ
ントとなる。とくに圧縮比を上げることが高性能化を達成する基本であり，ノッキ
ング限界まで上げる努力が必要である。ただし，圧縮比を上げるためにピストン中
央部を盛り上げると燃焼室の形状が悪くなってノッキング限界も低くなる。前にも
述べたようにリセスを深く取ると凹凸のある燃焼室になって好ましくない。バルブ
スプリングを強化したりしてバルブのサージングを抑える努力をし，リセスを浅く
する。同時にノッキング限界を上げるために，燃焼室をコンパクトにした上で燃焼
室まわりの冷却をよくするなどで，圧縮比の向上を図ることが大切である。
　チューニングの狙いが，ノーマルエンジンが150馬力であるとして，それを200馬
力にするのか300馬力を目指すのかによって，圧縮比の値が変わる。200馬力までの
パワーアップならノーマルエンジンの圧縮比が10であったとすれば，12前後にする

改良ピストンとノーマルピストンとの比較

左がチューニングピストンで右がノーマル。圧縮比を上げるために中央部が盛り上がっているが，バルブリセスなど凹み部分とのつなぎはなめらかになって，火炎がスムーズに広がるよう配慮されている。

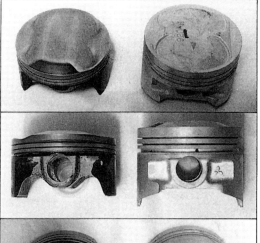

耐ノッキング性を高めるためにピストン頭部にニッケルメッキを施している。

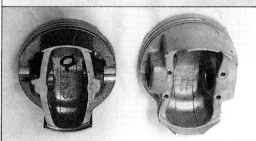

軽量化を図るためにコンプレッションハイトを短くし，スカートも肉抜きを行い，ピストンピンも短縮されている。

下側から見たもので，ノーマルに対して大幅に軽量化されている。

ピストン頭部形状の比較

頭部形状はできるだけフラットに近くなることが望ましいが，圧縮比やバルブリフトの関係で必ずしも理想どおりいかない。しかし，できるだけリセスを浅くすると同時に表面がなめらかな形状にすることが大切。もちろん，リセスを浅くするためにはバルブのサージングを起こさないようにする必要がある。

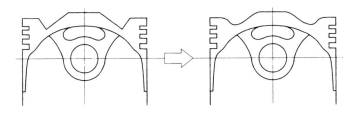

のが目標になる。これが300馬力となれば圧縮比は13かそれ以上を狙うことになるから、ピストン頭部の形状はおのずから異なるものになる。150馬力のエンジンを300馬力にするには、大幅な充填効率の向上を図るとともに、エンジン回転を上げなくてはならない。したがって、ポートの形状を見直して混合気の流速を上げる必要があるが、回転を上げるためにはピストンの軽量化が重要になる。そのために、200馬力のエンジンではピストンの軽量化はそれほど重要ではないが、300馬力を目指せば思い切って軽いピストンにすることを最初から考えなくてはならない。

　もっとも、圧縮比はボアの大きさによっても適正値がある。90mm以上のボア径のエンジンでは、あまり圧縮比を上げることはむずかしい。火炎伝播に時間がかかり、燃え広がらない間に他の場所で火がついてノッキングが起きる可能性が高くなるからだ。大まかな目安として88〜90mmのボア径のものでは圧縮比は12.0〜12.5くらいであろう。これが80〜85mmくらいのボア径では性能を目いっぱい追求するのであれ

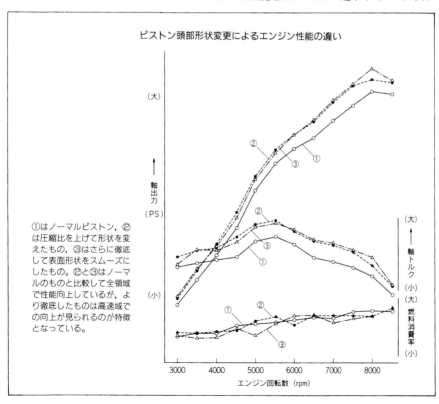

ピストン頭部形状変更によるエンジン性能の違い

①はノーマルピストン、②は圧縮比を上げて形状を変えたもの、③はさらに徹底して表面形状をスムーズにしたもの。②と③はノーマルのものと比較して全領域で性能向上しているが、より徹底したものは高速域での向上が見られるのが特徴となっている。

ノッキング発生ピストンとその改良例	

 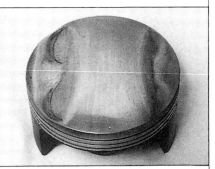

ノッキングによってピストンの排気バルブ側はこのようなダメージを受けた。そのため大幅に頭部形状を改良し，耐ノック性を向上させるとともに圧縮比を高め，燃焼速度も速められた。

トップランド及びトップリングより焼き付きが発生したピストン例	トップランドよりかじりが発生し始めたピストン

トップランド径が過大なために熱により外径が膨張し，シリンダーと干渉して焼き付いたもの。

熱ですき間がなくなったためのかじり発生で，トップランド形状の楕円テーパー修正が必要と思われる。

ば，13.5くらいを目標にすることになるであろう。

　燃焼室の表面積が大きいと圧縮比を上げることがむずかしくなる。これはボア径の大きさだけでなく，リセスが深くピストンの頭部の凹凸があるエンジンでもいえることである。ピストンのチューニングの項でも述べたようにリセスは浅くして燃焼室のS／V比を小さくしたほうがいいが，当然のことながら限度がある。

③ピストンピンの太さと長さ

　新しくピストンをつくるとなれば，ピストンピンの太さと長さはそのピストンに

マッチングしたものにするため，ピストンの基本形状との関連で決めていく必要がある。ノーマルエンジンのピストンでは，コンロッドの小端部とのクリアランスは比較的余裕をみているが，0.5mm以下でよく，ピン幅を詰める努力をする。軽量化を図るなら，ピンをできるだけ短くすれば，スカート形状もピンボス側の狭いスリッパータイプになるから，そのほうが有利である。もちろん，ピンそのものの重量も小さくなる。ピストンの受ける燃焼の圧力と回転の慣性力に対して，ピンを入れるボスをどの位置にしたら効率がいいか，またコンロッド小端の厚みをどの程度にするかで，ピンの長さは決まってくる。

　ピストンピンの材料は硬度があって，なおかつ靱性のある浸炭材が用いられる。これはハンマーで叩いても割れない硬いものである。軽量化を図るためにセラミックを使うという考えもあるが，わずか60gほどのものを何％か軽くするためにかなり

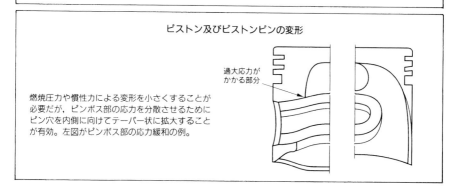

ピストンピンボス部のクラック

ピストンが上死点に達する際の慣性力でピンボス部にクラックが発生する恐れがある。これを避けるためにピンボス斜め上部にオイル供給のための丸みのある溝が切られている。ピストンにかかる燃焼圧力によってピストン及びピストンピンは変形する恐れがある。このためボス部の内側の部分に充分配慮が必要である。右図はピストンピンが局部的に当たらないようにピンボス角に丸みを付けることで応力の集中を避けているもの。

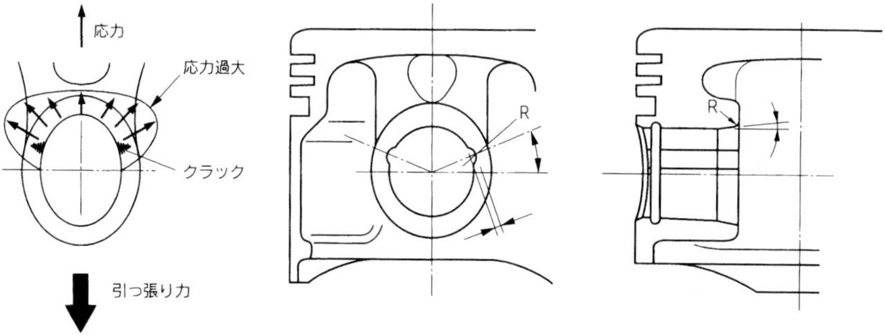

応力
応力過大
クラック
引っ張り力
R
R

ピストン及びピストンピンの変形

燃焼圧力や慣性力による変形を小さくすることが必要だが，ピンボス部の応力を分散させるためにピン穴を内側に向けてテーパー状に拡大することが有効。左図がピンボス部の応力緩和の例。

過大応力がかかる部分

の費用を使うことは賢明とはいえない。わずかの性能向上のためにも多くの費用が使える特別なワークスチームのやることだ。

　ピンの太さはシリンダーごとに受ける燃焼圧力の大きさで決まる。排気量と出力が分かれば，その範囲で性能の目標に応じて決めることになる。大ざっぱな目安としては，ボア径が80〜85㎜では18〜20㎜，85〜90㎜では20〜22㎜，90〜92㎜では22〜24㎜くらいとなる。ターボエンジンでは燃焼圧力は相当に大きくなるから，ピン径は大きくなるだけでなく，肉厚も薄くするわけにはいかない。さらに，ピンの強度を上げるためには，とくにピン内側を鏡面仕上げする。外側より表面積が小さい分，応力が集中するからだ。

　コンロッドメタルに比較するとピストンピンが焼き付く確率は高くないとはいえ，

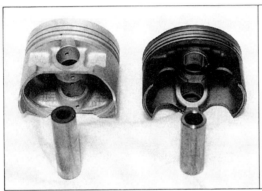

ピストン及びピストンピンの軽量化

ピストンとピストンピンは一体で軽量化を図る。耐久性が犠牲になるが，ピストン系の軽量化は高出力化にとってはかなり重要である。

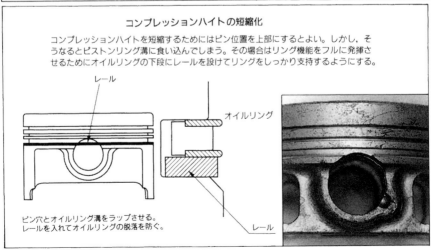

コンプレッションハイトの短縮化

コンプレッションハイトを短縮するためにはピン位置を上部にするとよい。しかし，そうなるとピストンリング溝に食い込んでしまう。その場合はリング機能をフルに発揮させるためにオイルリングの下段にレールを設けてリングをしっかり支持するようにする。

レール

オイルリング

ピン穴とオイルリング溝をラップさせる。
レールを入れてオイルリングの脱落を防ぐ。

レール

オイルがいかないとトラブルのもとになる。ピンはピストンの往復運動でゆっくりとまわっていて，ピンボスのオイル供給穴からのオイルがコンロッドからわずかなクリアランスに入り込んで潤滑する。なかにはボス部にオイルが溜まる溝を付けてオイルが切れないように配慮したものもあるが，どちらかというとこれはあまりオイルが供給されずに使用されるなどでトラブルがあって，その対策をした結果であろう。ピンボス内径に表面処理をしてかじりを防止することもある。

④コンプレッションハイトの決定

ピストンピンの中心点からトップランド最上部までがコンプレッションハイトである。この間の距離が短いとピンの位置は上のほうに付き，ピストンスカートの長さが同じなら，ピストン全体の長さを短くすることができる。こうなると，ピストンスラストが小さくなるというメリットもある。また，ピストンの軽量コンパクト化のためにも，コンプレッションハイトを小さくすることが重要である。高回転型のエンジンでは，かなり小さくなっている。そのためにも，ピストンピンの太さは細いほうが有利であるが，ピンの剛性まで犠牲にするわけにはいかないから，ここではピストン側の努力でどう達成するかを見てみたい。

まずトップランドをはじめとするランド高さを詰めることが考えられる。この場合，リセスが深く切られているとランド寸法を詰めることは不可能になる。そればかりでなく，トップランドは，燃焼による熱をたくさん受けるので，ある程度の長さを保つ必要があるが，ノーマルエンジンではだいたい7mmくらいである。高回転化する場合は4mmくらいまでなら短くすることは可能だろう。ただし，熱変形などて耐久性が落ちるから，ある程度使用したら交換することが条件である。さらにトップリングのリング溝は1.2mmから1.0mmほどにして，セカンドランドは3.0mmから2.5mmにするという具合に決めていく。

ノーマルエンジンのピストンではピストンピンの位置はオイルリング溝の下にあるが，ピストンハイツを小さくするためにピン位置をリング溝にかかる位置まで上げる方法がある。しかし，これではオイルリングの溝がピンの部分では欠けてしまうので，リングが安定しなくなる恐れがある。削られる長さが5mm以内ならあまり問題はないであろう。その範囲でピン位置を上げることが無難であるが，さらに積極的に上げようとすれば，リング溝を大きく削らなくてはならない。この場合，リングを安定させるために溝にレールをはめ込むという手もある。この場合は時間管理をして性能の劣化を防ぐように注意しなくてはならない。

ただし，コンロッドの小端部の上部の厚みがピストンの裏側に入る余地がないと成り立たないので，このあたりも注意する必要がある。

⑤２本リングか３本リングか

一般に３本リングが一般的であるが，セカンドリングを省略した２本リングにすればコンプレッションハイトは短くすることができる。軽量化できるだけでなく，リングが１本少なくなった分だけフリクションロスが減るというメリットがある。しかし，問題はガスとオイルのシール性を確保することができるかどうかである。チューニングして燃焼圧力が大きくなって，シールが余計に大変になっているところで，圧縮圧力を１本のリングだけで保つのは無理がある。しっかりとシールしようとリングの張力を上げると，ピストンリングとシリンダー壁との摺動抵抗が大きくなって，減らすはずのフリクションがふえる結果となり，何のためにリングを省略したかわからなくなる。また，ターボエンジンのように圧縮した空気が送り込まれるために燃焼圧力が高いものでは，シール性の確保は無理で，２本リングは最初

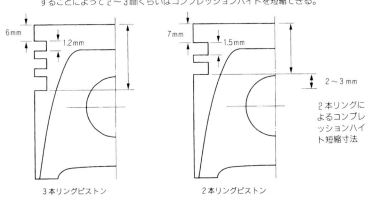

２本リングと３本リングピストンの開発における得失

	フリクションロス	シール性	開発難易度	軽量化	耐久性
● ３本リング	△	○	○	△	○
● ２本リング	○	×	×	○	×

２本リングピストンと３本リングピストンの寸法比較例

当然のことながらピストンリングが１減った分，トップランドや各リングの高さは３本リングより多めに確保する必要があるが，図のように２本リングにすることによって２〜３㎜くらいはコンプレッションハイトを短縮できる。

6mm
1.2mm

7mm
1.5mm

2〜3mm

２本リングによるコンプレッションハイト短縮寸法

３本リングピストン

２本リングピストン

から考えないほうがいい。

2本リングにすると，ランド寸法やリング溝も慎重に検討する必要がある。当然，トップランド寸法を3本リングと同じように小さくすることはできない。だからといって，シール性を考えて寸法を大きくしたのでは軽量化の効果はなくなる。ストリート用ではフリクションが減るのでそれなりにメリットがあるが，高回転化した場合はピストンをコンパクトにする意味が大きいので，どこでかね合いをとるか充分に検討する必要がある。

といっても，最適なピストン形状を決めるには性能試験をくり返し行わなければならず，開発にかなり時間と手間をかけないと，2本リングにする効果が現われない。つまり，高回転エンジンの場合，シール性とコストや，開発にかかる時間を重視すれば，3本リングを2本にするメリットは一般に考えられているほど大きいものではないといっていい。2本にしたことによる軽量化は，どんなに大きく考えて

ノーマル，軽量3本リングピストン，同2本リングピストンの例

モーターサイクル用ピストンはもともと高回転化が図られたピストン（左上）であるが，レース用（右上）になるとさらに軽量化が図られる。それ以上の軽量化のために2本リングピストン（下）がつくられたが，実際には予選用に使用されただけだった。

もサードランドの寸法分くらいであり，そのための苦労と引き替えになるほどの性能差ではないと思われる。

　しかし，レースの予選用などでわずかな時間しか使用しないことがはっきりしている場合は，徹底した軽量化で性能追求することになるから，シール性やオイル消費も短時間だけ確保すればいいわけで，その場合は2本リングのメリットを活かせる可能性がある。トップランド部分とシリンダー壁のクリアランスを小さくして，しかも真円度を出すことでリングのシール性を助ける必要がある。セカンドランド径の寸法が大きなファクターとなり，ピストンのプロフィール見直しによって，さらに開発に時間が必要となる。もちろん，この場合もコストはかなりかかることを覚悟しなくてはならない。いずれにしても，3本リングでしっかりと性能を出し，その上で2本リングに挑戦するという慎重さが要求される。

⑥ピストンスカートの形状

　スカートはピストンスラップを防ぐことが重要な役目であるが，ピストンピン位置が上がれば，同じような効果がある。さらにスカート形状を検討し，軽くて剛性があり，オイル消費の少ないものにすることが求められる。当然のことながら，スカートが短ければピストンの首振りが起こることでフリクションがふえるが，軽量化しながらどこまでそれを抑えることができるかが課題である。

　スカートを短くする場合は，ピストンクリアランスを小さくしてプロフィールの見直しをとくにシビアに行い，ピストンが真っすぐに上下動するように何回も手直しをする必要がある。

　シリンダー壁に溜まったオイルはオイルリングでかき落とされるが，スカートのところでかき落とされる量が少ないと，リングで完全に落とすことができずに燃焼室に入って燃やされる。そのために，オイル消費がふえるが，スカートが長いとシール性が高められる効果がある。したがって，スカートを短くする場合は，そのプロフィールをよく検討しなくてはならない。とくにオイルリング溝のすぐ下の部分の曲げ角度（R）の付け方，さらにスカートの裾のところのRの付け方をどうするかが重要になってくる。

　実際にいくつかの異なるスカートプロフィールのピストンをつくって，テストする必要がある。スカートが短くなればなるほどその形状はむずかしくなるといっていい。ピストンが首を振らないように，スカートの全周にわたって，きれいにシリンダー壁と当たる形状になるようにする。

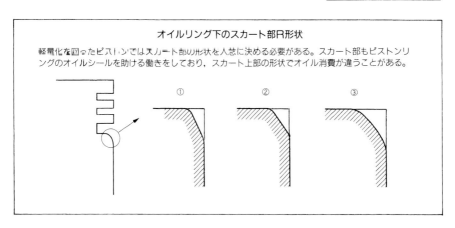

オイルリング下のスカート部R形状

軽量化を図ったピストンではスカート部の形状を入念に決める必要がある。スカート部もピストンリングのオイルシールを助ける働きをしており、スカート上部の形状でオイル消費が違うことがある。

①　②　③

　とくにスカート上部のピストンの直径寸法の変化が少ない（つまりRがゆるやか）ものよりある程度大きいほうが首振りが起こらない傾向を示してる。といっても、その変化量は5〜10μと目で見て分からない範囲であるが、シリンダー壁とのクリアランスでいえば、かなり大きな数字である。

　ピストンピン幅を短くしたスリッパータイプのピストンでは、シリンダーと当たるスカート部の面が最初から少なくなっているのだから、とくに当たる面の部分のクリアランスが小さくて、しかもシリンダー壁とスカートがスムーズに接するようにしないと、スカートがシリンダー壁を叩くことで抵抗がふえ、振動も大きくなり、ピストンリングがシール性を発揮できずに性能が出なくなってしまう恐れがある。

　徹底した軽量化を図る場合は、スカートに穴を開けることで重量を減らすことが可能であるが、当然スカートの剛性が下がるから長く使用することはできない。短くなったスカートではシリンダーと当たる面が少なく面圧は高くなり、スカート剛性が下がるから、ピストンは消耗品として交換を頻繁に行う必要がある。当然オイル消費はある程度ふえるが、性能追求を優先して高回転化することで、これには目

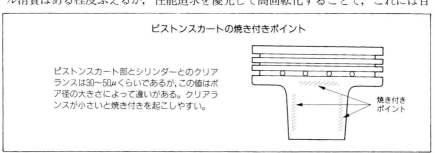

ピストンスカートの焼き付きポイント

ピストンスカート部とシリンダーとのクリアランスは30〜50μくらいであるが、この値はボア径の大きさによって違いがある。クリアランスが小さいと焼き付きを起こしやすい。

焼き付き
ポイント

をつぶって割り切ることだ。

スカートの当たりが全周にわたってスムーズになったら，表面の摺動抵抗を減らすためにデフリックコートを施して使用する。

(4)ピストンリング

ブローバイガスを減らし，オイルシールを確実にする役目をするピストンリングは，小さいパーツながら重要な働きをしている。エンジンの高性能化が進み，リングに対する要求も次第に厳しくなってきており，それに応えることで性能が確保されている。かつてはシリンダー壁が摩耗するのが当然で，そのためにシリンダーのボーリングをしてオーバーサイズのピストンを入れるのが常識であった時代もあった。マルチバルブ化され，高回転化が進んだエンジンになって，ピストンリングはシール性の安定化を中心に，高回転時のリングのフラッタリングによる出力低下や，オイル消費の悪化を抑えることを目的とした慣性力低減のためにリング幅を薄くすること，シリンダーへの追随性の向上を図ることなどが重要になってきた。そのためにリング材料の改良や表面処理の方法，形状の検討が加えられ，耐摩耗性，耐焼き付き性，耐折損性などが向上し，耐久性が確保されるようになった。

ピストンリングはノウハウの固まりともいうべきパーツで，設備投資が必要な産業で，精密さが要求されるから，市販されているチューニング用を購入するかリングの専門メーカーに仕様を相談して製造を依頼するしかない。仕様を決めるにはリ

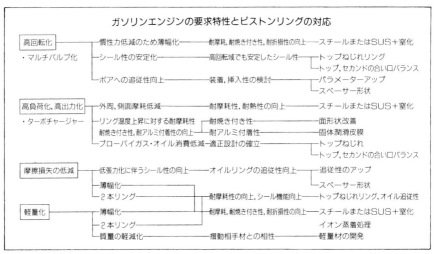

ガソリンエンジンの要求特性とピストンリングの対応

ングを試作しテストをした上で決めることになるが，そのための費用がかかることになるので，市販されているものから選ぶほうが手っとり早いものである。

①トップリング

　ご存じのとおり圧縮リングはトップとセカンドの2本が一般的だが，ガスシールという点ではトップリングはきわめて大切である。リングの外周形状で分類すると，プレーン型とバルブフェース型が使われる。多く使われているのはプレーン型であるが，長く使用すると馴染んで，これがバルブフェース型のような形状になる。かつてのノーマルエンジンでは鋳鉄製が多かったが，最近はスチール製が多くなってきている。チューニングされたエンジンでは，窒化されたスチール製のリングに，さらにイオンプレーティング処理したチタンナイトライド（TiN）皮膜を施したものに交換する。こうすることで，表面の滑りをよくし，耐摩耗性やスカッフィングの防止に効果がある。

　ガスシール性を向上させるために，このリングの上部にインサイドベベルカットを施す。つまり，リングの内側の上方を斜めに全周にわたってカットする。こうし

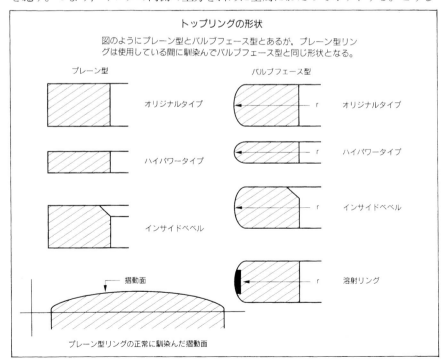

トップリングの形状

図のようにプレーン型とバルブフェース型とあるが，プレーン型リングは使用している間に馴染んでバルブフェース型と同じ形状となる。

プレーン型　　　　　　　　　　　　　　バルブフェース型

オリジナルタイプ　　　　　　　　　　　オリジナルタイプ

ハイパワータイプ　　　　　　　　　　　ハイパワータイプ

インサイドベベル　　　　　　　　　　　インサイドベベル

摺動面　　　　　　　　　　　　　　　　溶射リング

プレーン型リングの正常に馴染んだ摺動面

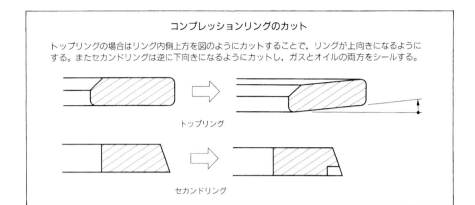

コンプレッションリングのカット

トップリングの場合はリング内側上方を図のようにカットすることで，リングが上向きになるようにする。またセカンドリングは逆に下向きになるようにカットし，ガスとオイルの両方をシールする。

トップリング

セカンドリング

てリングの上方の剛性を弱くすることによって，挿入されたリングは上向きにねじれる形状に変形する。分かりやすくいえば，強風によって傘がおチョコになったのと同じになり，リングが上からのガス圧を受けて押し下げられようとするのを，上向きになることでシール性を高めることを目的にしている。

　こうすると，張力を上げないでシール性を上げることができる。その上で，張力を2～3種類の中から選ぶ。張力を上げるには厚みのあるリングにする必要があるが，そうなると，フリクションロスがふえる。

　ピストンが上下することで起こる摺動抵抗は，リングの表面の馴染み性とリングの張力による影響が大きいから，耐摩耗性を上げるためにも，スカッフィングを起こさないためにも，トップリングの性能は重要視する必要がある。とくにトップリングはもっとも熱を受けるから，シリンダーやリングそのもののかじりを起こさないように表面処理を施したものが要求され，ガス窒化，さらにチタンまたはクロムの窒化物を真空蒸着やモリブテン溶射する。

　スカッフィングを起こすとブローバイガスがふえ，ひどくなるとリングが焼き付いて機能を果たさなくなり，マフラーから白煙を吹き出す。これがいわゆるエンジンブローの一種である。オイルが燃焼室に入り，ガスの代わりに燃えて白煙となって排出される。

②セカンドリング

　このリングもガスのシール性を高めるために圧縮リングといわれているが，実際にはそれだけでなく，オイルをシールする働きもしている。そのためにシリンダーと接触する部分の形状は一般にテーパー状になっている。トップリングで完全に果

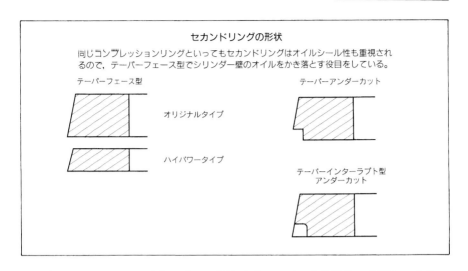

セカンドリングの形状

同じコンプレッションリングといってもセカンドリングはオイルシール性も重視されるので，テーパーフェース型でシリンダー壁のオイルをかき落とす役目をしている。

テーパーフェース型　　　　　　　　　　　テーパーアンダーカット

オリジナルタイプ

ハイパワータイプ

テーパーインターラプト型
アンダーカット

たせなかったガスシールをした上で，同じようにオイルを燃焼室に上げないようにしている。ガスとオイルの両方をこのセカンドリングで堰止めるわけで，上下のリングとのバランスを考える。

　材料は鋳鉄製でクロームメッキか初期馴染みをよくするためにパーカー処理を施すが，基本的にはノーマルエンジンと同じものでよく，チューニング作業としては，リングの下部にアンダーカットを施す。こうするとリングはトップリングと反対の下向きになる。オイル上がりを防ぐわけだが，カットの仕方で上向きの角度を調整して，場合によってはブローバイガスが多くなるのを防ぐようにする。

③オイルリング

　ガスシールに関してはできるだけ完璧にしたいが，オイルリングでオイルを完全にかき落としたのでは，その上にあるリングのベアリング作用を損なわせることになる。シリンダー壁に適度な油膜を保持し，オイル消費を最小限にコントロールする必要がある。そのために現在のオイルリングは，上下のサイドレールと，これにはさまれた中央のエキスパンダーと3ピースになっているものが使用される。中央にあるエキスパンダーは網状になっていて，サイドレールでかき落とされたオイルが，リング溝に開けられた穴や切り欠き部分からピストンの裏側に入り回収される。

　このエキスパンダーの形状は，いくつかの種類があるが，ピストンの外径の大きさによって使い分けられる。大切なのはリングの張力を上げないでオイル消費を少なくするようなバランスを見付けることである。抵抗を減らすためにエキスパンダ

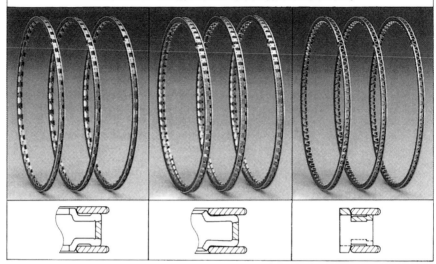

オイルリングの形状

オイルをかき落とし，ピストン内側に移動させるために上下のレール
とエキスパンダーと三層状になっているものが使われるのがふつうだ。

一端をやすりで削り，張力を弱めて使用する場合もある。これはレース用など使用
時間の短い場合は自分でできることだ。

　ついでにいえば，ピストンのオイルリング溝に開けられたオイル逃げの切り欠き
が長いピストンは，熱はけがあまりよくない。この切り欠き部で熱が逃げる場がな
くなってしまうからだ。そのため，レース用のピストンのなかには，オイル穴がリ
ング溝に開けられていないものもあるが，一般には小さい穴がいくつも開けられて
いる。

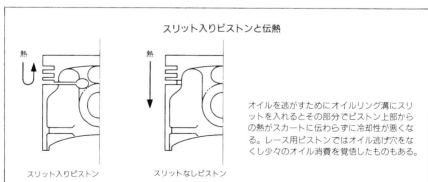

スリット入りピストンと伝熱

熱

熱

スリット入りピストン　　スリットなしピストン

オイルを逃がすためにオイルリング溝にスリッ
トを入れるとその部分でピストン上部から
の熱がスカートに伝わらずに冷却性が悪くな
る。レース用ピストンではオイル逃げ穴をな
くし少々のオイル消費を覚悟したものもある。

ピストンリングの合い口形状

合い口外観	正面または断面	名　称	用途及び特徴
		直角合い口	もっともふつうのもので，各種エンジンに使用
		半円まわり止め合い口	もっともふつうのまわり止めを有する（2サイクル用）
		内面まわり止め合い口	ガス漏れを少なくするため内側ピンまわり止めをする（2サイクル用）

　ちなみに，ピストン頭部からの熱は，ピストンリングを通じてシリンダー壁から逃がすが，それだけでは足りないので，ピストンの耐久性・信頼性のためにピストン内側にオイルジェットでオイルを噴きつけるなどして冷却してピストンの耐久性を高めている。

④合い口すき間の調整

　ノーマルエンジンでは，合い口すき間のバラツキが見られる。とくにオイルリングでは，このすき間が大きいとそこから逃げる量でオイル消費がふえるから，新しいリングにしてでも，すき間をゼロに近づけたほうがいい場合がある。張力を上げてオイル消費を少なくするより当然性能向上には有利だ。オイルリングはピストン頭部からは遠くなるので，熱による影響は小さくなるから，膨張率をトップリングほど考慮しなくてすむ。オイルリングの合い口すき間はレース用では0.1〜0.4mmくらいにする。

　圧縮リングは，熱膨張を見た上で合い口すき間を決めなくてはならないが，ターボエンジンとNAでは当然その調整が異なる。NAでは0.3mmでよくても，ターボでは0.8mmにしなくてはならない場合がある。合い口が当たってしまうと張力が大きくなって，シリンダー壁に傷を付けたりして焼き付けの原因になる。きちんと寸法を管理し，きめ細かい配慮をすることが大切である。

〔コンロッド〕

　最近では，エンジンのレスポンスや燃費のよさを追求したものが，量産でつくられるようになって，コンロッドの形状や材質がかなり向上してきている。CAEによ

る応力計算や有限要素法による解析の結果，余肉を付けないものが使用されるようになり，コンロッドの形状は，従来のものと比較するとノーマルエンジンでも軽量化されたものになっている。また，材料もかつての炭素鋼よりも硬度のあるものになり，強度が上がったものが一部のエンジンでは使われ，しかも耐疲労強度を上げるために表面に残留圧縮応力を加えるショットピーニングが施されたものが使用されている。とくに往復運動部の重量軽減が著しく，大端部については高剛性と軽量化のバランスがとれてきている。応力解析と実験結果を折り込んだ設計がなされ，それに基づいた製造システムが採用されるようになったのは，コンパクト化や燃費低減の強い要請に応えるためである。ここでは，それらのことを前提にして考えてみたい。

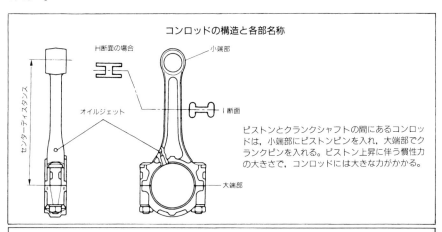

コンロッドの構造と各部名称

H断面の場合

小端部

センターディスタンス

オイルジェット

I断面

大端部

ピストンとクランクシャフトの間にあるコンロッドは，小端部にピストンピンを入れ，大端部でクランクピンを入れる。ピストン上昇に伴う慣性力の大きさで，コンロッドには大きな力がかかる。

コンロッドの小端部と大端部の重量測定

シリンダーの数だけあるコンロッドの重量はすべて均一になっている必要がある。厳密には小端部と大端部の比率が同じでなくてはならないから，このように計測して誤差をなくしてから組み込む。

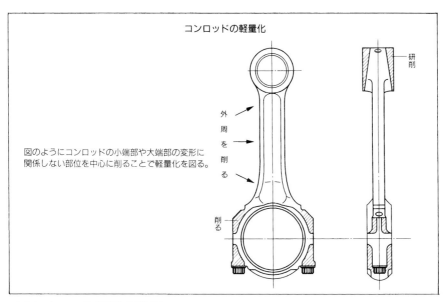

コンロッドの軽量化

研削

外周を削る

削る

図のようにコンロッドの小端部や大端部の変形に
関係しない部位を中心に削ることで軽量化を図る。

（1）ノーマル部品の改良

①大端部の剛性を確保しながらの軽量化

　これまでにも何度かくり返し述べたように，コンロッドメタルの焼き付きを起こ
さないようにする必要がある。そのためには，大端部の変形が少ないように剛性を
確保することが重要だ。一方で，ピストンやクランクシャフトと同様に軽量化を図
ることが求められる。後述するように，大端部の変形を起こさないようにボルト管
理やクリアランスの管理など，チューニングというよりその後の使用中のメンテナ
ンスでも注意しなくてはならないから，軽量化にあたってはどこを削ったらよいか
よく検討する。大端部の肩のところやロッド部の外周，ボルトの外側など，実際に
はわずかなところしか削れないが，少しでも軽くできるところは惜しまないでやる。
軽量化はわずかな部分の積み重ねしかない。

②往復運動部分の重量バラツキをなくす

　コンロッドを寝かせて小端部と大端部を秤の上に乗せて往復部分と回転部分の重
量を計り，気筒ごとの重量バラツキをできるだけ小さくする。大端部の軽量化を図
る段階で４気筒エンジンなら４つのコンロッドの重量に差がないように合わせるが，
全体の重量だけでなく，回転部分の重量が同じになるように配慮し，往復運動部分
も重量バランスをとる。鍛造でつくられるコンロッドは，型で打つので上下で厚さ

が異なったりして，ノーマルのままでは大端と小端とでは重量に案外バラツキがあるものだ。各気筒ごとにコンロッドの重さが違うと，フリクションが大きくなるだけでなく，振動も大きくなるので，チューニングの大敵になる。できるだけゼロに近づける努力をする。少なくとも回転部と往復部重量で各１ｇ以内，全体重量でも３〜５ｇ以内におさめたい。

③コンロッド表面を磨く

ピストンの上下運動をクランクシャフトの回転運動に変える働きをしているコンロッドは常に揺動しており，ピストンにかかる燃焼圧力やピストン系の慣性力による衝撃に耐えている。そのために，わずかな傷が表面にできてもそこに応力が集中すると，それがもとになって折れてしまう恐れがある。コンロッドが折れればシリンダーブロックを突き破って，エンジンにとってこれ以上ないダメージを受ける。それを防ぐために表面をきれいに磨く必要がある。とくにコンロッドのサイド部分を鏡面仕上げする。そうすれば，わずかな傷でもうっかり見落とすこともなくなる。また，鍛造の皺をとることで，わずかながらも軽量化することができる。高回転時にはコンロッドのウェブ付近は相当な速さで運動していることになるから，表面に凹凸がなければ抵抗が小さくなるという利点もある。スムーズに運動することができれば，フリクションを減らすことが可能になる。ショットピーニングのしてあるものについては取り扱いに注意し，追加工をすることも必要になる場合もある。

コンロッド表面の研磨

リューターにペーパーラップや砥石を取り付け，手で根気よく磨いて鋳肌を落とす。とくにＩ型断面の場合はロッドのサイド部に応力がかかるのでここをよく研磨する。また，ボルト底面部の隅Ｒ及び座面の面粗度を上げることが大切である。

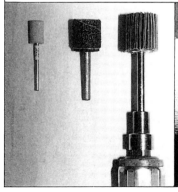

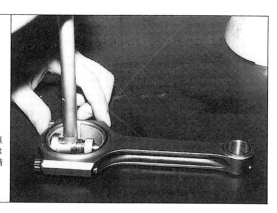

コンロッド大端部の真円度の計測

クランクピンと組み合わされる大端部の真円度はとくに重要。静的状態で計るときは慣性力を考慮して楕円になっているから精確な寸法になるように揃えることが大切。

④小端部及び大端部のピン挿入部を真円にする

　まず小端部では，メタル部分を真円にすることもさることながら，ピストンピンとのクリアランスを小さくする。ノーマルエンジンの場合は，このクリアランスはだいたい10μmであるが，これはチューニングエンジンにとってはクリアランスというよりガタの領域に入る。これを5μmくらいまでにする。ガタがあるとピストンのサイドスラストが起きてフリクションがふえる。

　大端部のほうはちょっと複雑だ。真円度を出すためにはコンロッドキャップをボルトで締め付け，メタルを入れて計る。実際にはこの状態でメタルは真円になっていないはずだ。この部分はピストンが下死点に達し上昇しようとするときに受ける衝撃で，わずかに変形している。つまり，メタルが真円になるのは一瞬の間だけで，あとは上下に伸ばされる力に耐えようと必死にがんばっている。衝撃によるわずか

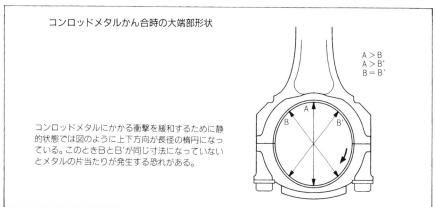

コンロッドメタルかん合時の大端部形状

A＞B
A＞B'
B＝B'

コンロッドメタルにかかる衝撃を緩和するために静的状態では図のように上下方向が長径の楕円になっている。このときBとB'が同じ寸法になっていないとメタルの片当たりが発生する恐れがある。

な変形を最初から折り込んで，メタルは静的な状態では左右が短径で上下が長径の楕円状になってかん合されている。それが燃焼圧力や慣性力が働いたとき，わずかに押しつぶされて一瞬だけ真円となるわけだ。

　高回転になると，コンロッドメタルにかかる衝撃はさらに大きくなるから，この

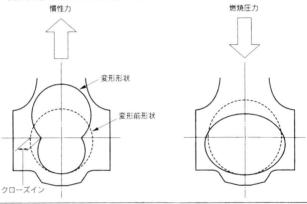

コンロッドメタルの変形とその対応

コンロッドメタルを組み込み作動させた際に，上への大きな慣性力によって大端部のメタルは変形する。上下方向に伸びて縦に大きい楕円状となるので，それを折り込んでメタルが装着されるが，逆にピストンが下降すると楕円はつぶれてメタルが変形する。これでトラブルを起こさないようにクラッシュゾーンが設けられる。

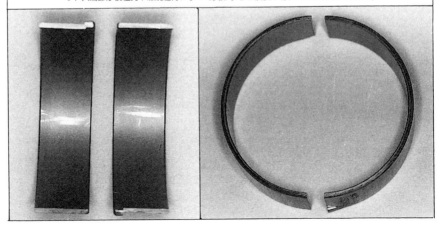

コンロッドメタル

メインジャーナルメタルは給油用の穴が開けられるが，コンロッドメタルはクランクピンにあるオイル穴を通るオイルで油膜を形成して焼き付かないようにする。コンロッド大端部が慣性力や燃焼圧力によって変形すると油膜が切れてしまう恐れがある。

118

メタルはさらに上下方向が長い楕円になる。この場合，静的な状態で寸法を計るには117頁の図のようにBとB′は同じになっているのが理想だ。また，下のA方向の長さとBやB′との差は，その条件によって同じではないが，0.01〜0.05mmといったところである。エンジン回転と使用条件などで基準を決め，わずかずつ変化させて最適な寸法を見付け出すことになる。

この際，大端部形状の変形によるメタルへの影響を考慮しなくてはならない。上下方向が長径になっている状態で2分割されてはめられているメタルは，運動時に圧力が加わって変形して真円になると，合わせ面がクラッシュする。その場合，メタルが出っ張らないように調整をするのがクラッシュリリーフゾーンである。クラッシュしないようにお互いに逃げて折り重なる状態になる。

ここで，重要になるのがコンロッドボルトである。ボルトがこうした運動による変形に耐えきれないと，メタルがキャップからわずかであるが浮き上がってしまう。そうすると，そのすき間にオイルが入り込み，メタルで叩かれることによってオイルで焼けてくる。黒く変色するので，ばらしてメタルの裏側を見るとすぐ分かる。熱が伝わらなくなるから，メタルが焼き付く確率が高くなる。こうした現象が見られたらボルトの強度を上げて対処する。コンロッド大端部の変形を最小限に抑えるには，ボルトの強度アップによる軸力の向上とピストン系の重量軽減による慣性力の低減が効果的である。

（2）コンロッドボルトの管理

コンロッドボルトに限らず，力のかかる部位のボルトは，長く使用する場合はと

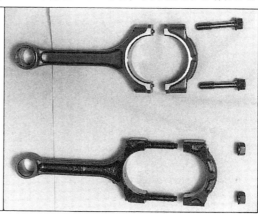

コンロッドボルトの2方式

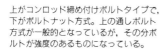
上がコンロッド締め付けボルトタイプで，下がボルトナット方式。上の通しボルト方式が一般的となっているが，その分ボルトが強度のあるものになっている。

くにその管理をしっかりしないと性能を維持することができない。ここで述べることは，フライホイールやクランクダンパー，さらにはカムのスプロケットなどに使用するボルトにも当てはまる。

まず最初にやることは，ボルトの自由長を測って，それを記録しておく。マイクロメーターで正確に測る。コンロッドボルトは一般に直径が9〜10mmのものが使われるが，ボルトの両端にポンチを打って2点のポイントを固定させて計測する。それが6.0mmあったとしよう。今度はこのボルトをコンロッドに入れて規定のトルクで締め込んで，その長さを計る。

この状態でボルトはわずかに伸びている。たとえば，さきほどの6.0mmのボルトは6.02mmになっている。ボルトは伸びることでコンロッドとキャップを締め付けているのだ。ボルトはバネと同じように伸び，それが締め付ける軸力になっている。したがって，この伸び量でボルトを管理する。ボルトの伸びとトルクの関係及び軸力が分かっていれば軸力を正確に保持できる。

コンロッドが運動すると，ボルトに大きな力がかかるから，ボルトはその間にもわずかに伸び縮みしている。そのときの寸法は測るわけにはいかないから，一定期

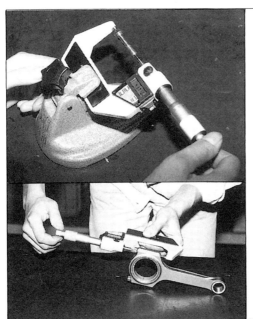

コンロッドボルトの長さ測定

まず，コンロッドボルトの自由長を計測する。次にコンロッドに組み込んで計測すると，どの程度ボルトが伸びたか分かる。この違いを記録し，ボルト管理を行うことが重要。

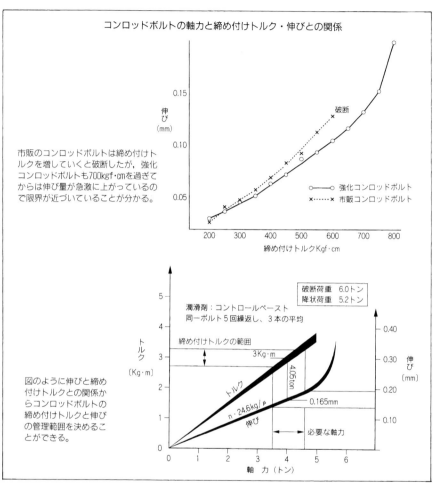

コンロッドボルトの軸力と締め付けトルク・伸びとの関係

市販のコンロッドボルトは締め付けトルクを増していくと破断したが，強化コンロッドボルトも700kgf・cmを過ぎてからは伸び量が急激に上がっているので限界が近づいていることが分かる。

図のように伸びと締め付けトルクとの関係からコンロッドボルトの締め付けトルクと伸びの管理範囲を決めることができる。

間使用した後に，外したボルトの長さを計測する。もとのように6.0mmであれば，ボルトは充分に機能を果たしていると思っていい。しかし，自由長が6.02mmになっていたらバネの働きがなくなっているから，ボルトの締め付け力はなくなっていることになる。そのボルトの限界がきているわけで，新しいボルトに交換しなくてはならない。この場合，使用した期間があまり長くないとすれば，ボルトそのものの強度が不足していることになるから，もっと強度のあるものに交換する必要がある。逆に，使用期間が長いにもかかわらずボルトの伸びが充分なら，使用期間を考えて場合によってはサイズの小さいボルトにすることで軽量化を図ることができる可能

各種コンロッドボルト

一般のボルトはネジが切られた溝部の径はロッド部の径より小さくなっているが，コンロッドボルトでは逆にロッド部の径が小さくなっているのが特徴。写真左から2番目のボルトはロッド部をラセン状に溝切りすることによってロッドの断面積をネジの溝部より小さくしたもの（下図参照）。

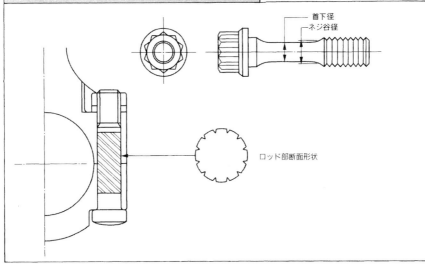

首下径
ネジ谷径

ロッド部断面形状

性があるわけだ。

　低回転時には燃焼による圧力のほうが大きいが，高回転になってくるにつれて慣性力のほうが大きくなってくる。メタルの焼き付きが起こるのも多くはピストンが上死点に到達した瞬間の慣性力によるものだ。およそ9000rpmのときの慣性力は3トンにも達する。この圧力を2本のボルトで支えるのだから，1本に1.5トンの力が加えられることになる。これ以上回転が上がればその圧力は加速度的に大きくなっていくから，ボルトの軸力を上げなくてはもたないことが分かるだろう。高強度材の200kg/mm²応力では軸部を細くしてネジ部に力がかからずに，ボルトの軸の部分で積極的に伸ばしている。

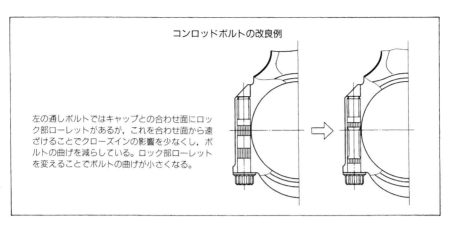

コンロッドボルトの改良例

左の通しボルトではキャップとの合わせ面にロック部ローレットがあるが、これを合わせ面から遠ざけることでクローズインの影響を少なくし、ボルトの曲げを減らしている。ロック部ローレットを変えることでボルトの曲げが小さくなる。

　実際に，ボルトの強度がどの程度あるか，無理に力をかけて伸ばしていって，折損するところまでをグラフにとると，ボルトの軸力限界を予測することが可能になる。縦軸にボルトの伸び量をとり，横軸に軸力をとると，あるところで伸び量が急激に大きくなる。それでもトルクをかけていくと折れてしまう。そこがそのボルトの限界点である。ノーマルのボルトは130kg/㎟くらいの応力であるが，強いボルトでは200kg/㎟級のものが市販されている。

　最近では専用のコンロッドボルトが開発されて市販されている。強度とボルトのバネを考慮して，しっかりと締め付けて大端部の変形ができるだけ少ないようにつくられている。ふつうのボルトは円筒上の同じ断面積をした先の部分にネジの切り込みを入れている。そうなると，ネジ部は切り込みのないツイスト部分より断面積が小さくなる。肝心のバネとして使用する部分がそれだけ弱くなる。専用ボルトは最初からツイスト部分が細くしてあり，ネジ部の断面積のほうが大きくなっている。前にも触れたようにネジ部の力がかからずに軸部で伸びるようにするためである。左頁の写真で見る，ツイスト部分にもネジが切られているように見える専用ボルトも同じ考えで，ネジ部よりツイスト部分の断面積を小さくするためにこうなっており，一般にアメリカのほうが強度の高いボルトの需要があり，種類も多いようだ。これは，航空機産業の発達した影響であろう。

(3)コンロッドの新設

　ピストンを新設した場合，その軽量化による効果をさらに高めるためにはコンロッドも新設したほうが有利である。コンプレッションハイトを小さくしたものでは，

コンロッド用素材の種類とその含有元素材料比率

	炭素	シリコン	マンガン	リン	イオウ	クロム	ボロン	バナジウム	鉛	ニッケル	銅	モリブデン
低炭素マルテンサイト鋼	0.046	0.25	1.43	0.014	0.029	0.20	0.0025	—	—	0.07	—	—
バナジウム素非調質鋼	0.40	0.25	0.75	—	—	—	—	0.09	0.07	—	—	—
炭素鋼S48C	0.47	0.21	0.75	0.020	0.010	0.05	—	—	—	0.03	0.03	—
高強度快削鋼S48CL2	0.48	0.25	0.81	0.015	0.020	0.22	—	—	0.24	0.05	0.12	—
クロムモリブデン鋼SCM435	0.35	0.20	0.80	0.02	0.02	1.00	—	—	—	—	—	0.20
ニッケルクロムモリブデン鋼SNCM439	0.40	0.25	0.80	0.02	0.02	0.80	—	—	—	1.80	—	0.20

それだけコンロッドの長さを伸ばすことができるので，ピストンのスラストを抑えることが可能になる。もちろん，クランクシャフトのバランス率を上げ，クランクピンやメインジャーナルの太さや幅を小さくするために，コンロッドの軽量化を図ることが大切である。

①コンロッドの材料

　軽量化を優先して考えれば，チタン合金を使用することが有利であるが，レースのレギュレーションによってその使用を禁止しているカテゴリーがある。F3やツーリングカーやGTクラスのレースがそうで，スチール系であるという制限が設けられている。もちろん，F1やF3000では自由だ。

　チタンはコストが高い上に加工がしにくいが，なによりも軽量であるというメリットがある。軽くすることでメタルの荷重を小さくできるので，フリクションロスを低減することに寄与する。バランス率もよくなり，レスポンスもよくなる。コンロッドの新設は軽量化を図ることがその目的の大きなものであるから，チタンが使えるならそのほうがいいわけだ。しかし，硬い材料であるとはいえ，スチールより剛性がないから変形を防ぐために大端部の幅，つまりメタルの幅をある程度大きくせざるを得ない。また，ボルトの入るところの剛性もとくに確保しなければならない。さらに，大端部のスラストを受ける面に焼き付き防止のための表面処理，つまりモリブデン溶射やイオン蒸着メッキを施す必要がある。クランクシャフト側の鉄の部分をかじらないようにするためだ。

　また，チタンは切り欠き係数の感度が高いので，ほんのちょっとした傷があっても，それがもとになって傷が大きくなり，クラックに発展する可能性があるので，表面をスムーズに仕上げる必要がある。鍛造の皺とか旋盤やフライス盤で加工した

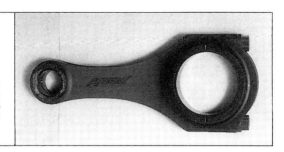

チタン合金製コンロッド

Ｆ１用に製作されたＨ型断面のコンロッドで，大端部スラスト部の焼き付き防止のためにモリブデン溶射を施している。またはイオンプレーティング蒸着処理をして，かじりを防いでいる。

ときの座面の隅Ｒに鋭い突起やピン角がないように注意する。チタンは伸びやすいので，ピストンが上死点に達した際にスチール製のものより上に引っ張られて，ピストンがバルブに近づくことも計算に入れる必要がある。

　チタン製のコンロッドの場合は，スチールのボルトを使用するとチタンのバネ定数と異なるのでボルトにかかる負担が大きくなる。チタンのほうが伸びるのでそれに見合った強度のあるボルトが要求され，設計の段階からそれを折り込む必要がある。ボルトもチタンにすれば問題はないが，チタンは焼き付きやすいという問題が生じる。

　スチールを用いる場合は，引っ張り強度と疲労強度をアップさせた材料を用い，表面処理によって表面の残留圧縮応力を高める必要がある。具体的にはスピンドルのシャフトやキャップスクリューのように，力のかかるところに使う高級な材料である高強度構造用合金鋼を用い，ショットピーニングや浸炭焼き入れによって強度を上げる。くり返しの荷重に耐えられるように疲労強度が高いことが重要である。

②Ｉ型断面かＨ型断面か

　コンロッドの形状にはロッド部の断面形状によって２種類ある。新設する場合はどちらを選ぶか決めなくてはならない。ノーマルのコンロッドはＩ型断面がほとんどなので，Ｈ型のほうがレース用であるというイメージが強いが，実際にはそうとばかりはいえない。

　Ｈ型は軽量化しやすく生産性もよく，スマートにつくることができる。数を多くつくるには有利で，専門メーカーもこのタイプのコンロッドのほうを得意としている。新設する場合も図面だけ描けば，メーカーのノウハウを折り込んでわりと簡単に注文に応じてくれる。コンロッドボルトは大端部の下から通すことになるが，メタルにかかる荷重はＩ型断面のものよりやや変形が大きくなるといえる。また，コンロッドサイドが大きく削られているので，そこにエアやオイルが当たるために，

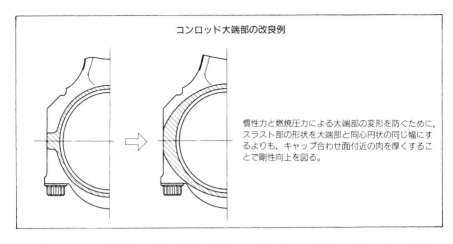

コンロッド大端部の改良例

慣性力と燃焼圧力による大端部の変形を防ぐために，スラスト部の形状を大端部と同心円状の同じ幅にするよりも，キャップ合わせ面付近の肉を厚くすることで剛性向上を図る。

フリクションがふえるというマイナスがある。ただし，そう高回転までまわさない場合は軽量化できるメリットとコストを考えるとH型コンロッドを使用するのは意味がある。

　性能を出すことを最優先する場合はＩ型断面のほうが有利であるといえるだろう。高回転になればなるほど大端部の剛性が重要になる。Ｉ型のロッド中央部の肉抜きは大端部の円周に沿ってRを付けるのがふつうだが，大端部近くになってもロッドの上部と同じ幅の肉抜きをしたものもある。また，ネジ部に近くなるにつれて大端部まわりに肉を付けていく。さらに，合い口部付近はクローズドインを防止するために肉を付ける。しかし，実際には燃焼圧力より上に引っ張られる慣性力のほうが大きいので，Ｉ型のメリットは形状が空力的に優れている点にあると私は考えている。コンロッドボルトは一般には上から通し，ナットで留めることになるが，その分肉を付けてごつくなるので，ボルトで締め付ける方法がふえていくことが予想される。

③仕様の決定

　コンロッドの仕様は，ピストンピンとクランクピンのサイズが決まれば，小端部と大端部の形状を検討することができる。優先されるのはメタルにかかる荷重であるが，これはピストンやクランクシャフト側で決められる。また，ロッド部の長さもピストンハイツとシリンダーのストロークで決まるものだ。基本的には引っ張り荷重に耐えられる仕様になっていればいいわけだが，現在は有限要素法で解析し，ロッドの太さも限界まで細くすることが可能になっている。ただし，コンロッドに

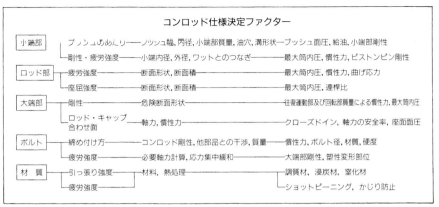

コンロッド仕様決定ファクター

小端部	ブッシュのはめ代——ツッシュ幅, 内径, 小端部質量, 油穴, 溝形状—ブッシュ面圧, 給油, 小端部剛性
	剛性・疲労強度——小端内径, 外径, ワットとのつなぎ——最大筒内圧, 慣性力, ピストンピン剛性
ロッド部	疲労強度——断面形状, 断面積——最大筒内圧, 慣性力, 曲げ応力
	座屈強度——断面形状, 断面積——最大筒内圧, 連桿比
大端部	剛性——危険断面形状——往復運動部及び回転部質量による慣性力, 最大筒内圧
	ロッド・キャップ 合わせ面——軸力, 慣性力——クローズドイン, 軸力の安全率, 座面面圧
ボルト	締め付け方——コンロッド剛性, 他部品との干渉, 質量——慣性力, ボルト径, 材質, 硬度
	疲労強度——必要軸力計算, 応力集中緩和——大端部剛性, 塑性変形部位
材 質	引っ張り強度——材料, 熱処理——調質材, 浸炭材, 窒化材
	疲労強度——ショットピーニング, かじり防止

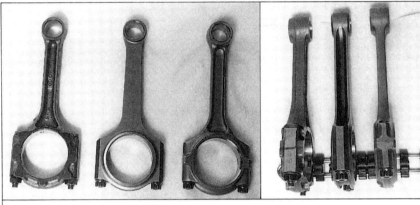

同一エンジンの 3 種類のコンロッド
左からスタンダード, H型断面と I 型のレース用。H型と I 型ではそれぞれに利点がある
が, 左右の I 型断面どうしを見比べると, レース用が軽量化されているのが分かる。

受ける荷重は, 高回転エンジンでは時間ではなくエンジン回転数によって疲労が進むので, 設計段階でどこまで詰めるか決めてかかる必要がある。コンロッドも大端部を中心に剛性の確保を優先させ, その上で軽量化を図るようにすべきである。

ここで, コンロッドの連桿比について考えてみたい。

これは, 小端部と大端部の中心点を結ぶ長さに対するストローク長さの比であるが, この値が大きいとピストンのスラストが小さくなる。つまり, コンロッドを長くするとフリクションが減ることになる。ピストンハイツを小さくすれば自然に連桿比は大きくなるが, だからといって, レース用エンジンを開発する際に, あまりこの値を大きくとるのは考えものだ。というのは, コンロッドを長くするとシリン

ダーを長くしなくてはならず，それによってエンジンそのものが大きくならざるを得ない。この場合，わずかなフリクションの低減と引き替えにエンジンパッケージを大きくすることと，どちらを優先するかの問題である。Ｖ型エンジンの場合は全幅が大きくなるし，エンジンの重量がふえることのマイナスを考慮するべきである。ピストンのスラストを小さくするためにはそのほかの手段を講じたほうが得策である。一般には連桿比は２から３あたりであるが，日本の自動車メーカーの開発したレースエンジンは４から５に近く，連桿比が大きい傾向がある。性能を向上させようとして，大きいパッケージになるようだ。フリクションロスを小さくすることとエンジンのコンパクト化とどちらを優先させるかであるが，コンパクトなエンジンに仕上げることは戦闘力の向上にとってきわめて重要なファクターであるはずだ。

5. シリンダーヘッドのチューニング

　サイドバルブエンジンでは，シリンダーヘッドは単なる蓋にしかすぎなかったが，OHV, OHCとエンジンが高性能化されるにしたがって，シリンダーヘッドは複雑となり，性能の要の部分となっている。シリンダーブロックが鋳鉄であっても，市販の一般的なエンジンでは燃焼室を形成するシリンダーヘッドは放熱性のよいアルミ合金の鋳物でできている。DOHC 4バルブエンジンではポート形状も多様になり，冷却水通路や動弁系の配置など，ヘッド形状はますます複雑化し，高性能エンジンにするためには高い鋳造技術が一段と求められるようになっている。設計の段階から狙いを定めて性能を発揮させる努力をしなくてはならず，ノーマルエンジンの素性がいいかどうかの見きわめも，シリンダーヘッドで決まるといっても過言でない。

　シリンダーヘッドのチューニングでは，燃焼室形状，吸排気ポート形状，そして冷却性能という三点が大切なところである。

［燃焼室のチューニング］

　ここではDOHC 4バルブの点火プラグが中央付近にあるペントルーフ型燃焼室を前提に考えることにする。エンジンの性能のもとになる燃焼室は，シリンダーヘッ

ノーマルヘッドとチューニングされたシリンダーヘッド

上がチューニングされたシリンダーヘッドで、面研とポート研磨が行われている。左側の燃焼室を拡大した写真で見ると、面研でスキッシュエリアが大きくなって燃焼室がコンパクトになり、下のノーマルヘッドのポートと比較して壁面がきれいに仕上げられているのが分かる。

ドとピストン頭部で形成されるので、当然ピストン頭部との関連で考える必要があるが、燃焼室の天井部分にあたるヘッド側で共通するチューニング作業について見てみよう。

①バルブと燃焼室壁面との段差をなくすこと

　ノーマルエンジンでは、バルブが閉じた状態でもバルブは燃焼室内にわずかに出っ張っていて、壁面との間に段差が生じているものが多い。シートリングの加工でバルブが突き出したかっこうになり、燃焼する際に火炎の伝播がスムーズに広がる妨げとなる。そこで、この段差をなくして面一にする。ただし、何もしないで面一にすると吸入空気量が減ってしまうので、シートリングの加工（後述）などで減少しないようにした上で次のような二つの方法をとる。ひとつはシートリングが燃焼室に出っ張らないようにポートのスロート部まで詰めて、バルブがおさまる位置を下げることで段差をなくす。4気筒エンジンなら16のバルブとそのシートリングにつ

燃焼室とバルブの段差をなくす

シートカット部の段差をなくし、バル
ブが閉じた際に燃焼室と面一になるよ
うにすることで燃焼効率をよくする。

段差　　　　　　　　段差

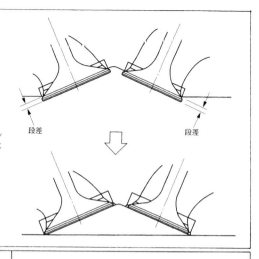

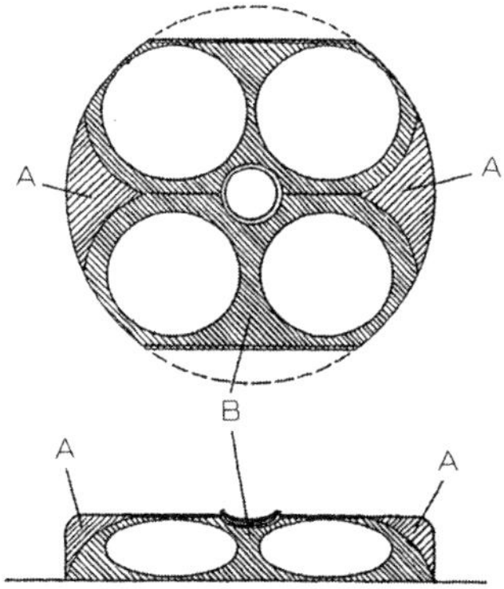

溶接肉盛りによる燃焼室形状の改良

燃焼室に溶接による肉盛りをすることによって，バルブとの段差をなくすとともに燃焼室のコ
ンパクト化を図ることができる。写真で見るように燃焼室は肉盛りにより浅くなっている。図
のA部はスムーズなRに仕上げ，B部はバルブの先端と同一面になるようにフライス加工する。

いて改造する必要がある。もうひとつは，バルブの位置に合わせて燃焼室壁面を溶
接で肉盛りして段差をなくす方法である。

②コンパクトな燃焼室にする

　圧縮比の向上について述べたところでも触れたように，シリンダーを面研するこ
とでコンパクト化が可能である。燃焼室のスキッシュエリアやプラグ穴に隣接する
天井部分の肉盛りという方法もある。上の図で見るA部とB部である。こうするこ
とで燃焼室の容積が小さくなり，結果として圧縮比が上がることになる。上に述べ

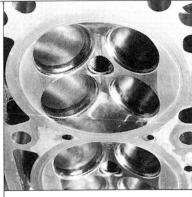

面研による燃焼室のコンパクト化

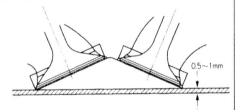

0.5～1mm

シリンダーヘッドの燃焼室面を0.5～1mm程度
面研することによって燃焼室はコンパクトに
なり、圧縮比を上げることができる。写真の
シリンダーヘッドは上段がノーマル状態で下
が面研を施したもの。右上の写真は面研した
燃焼室でスキッシュエリアが拡大している。

たバルブと燃焼室の壁面の段差をなくすための肉盛りも結果としては、燃焼室のコ
ンパクト化である。こうした肉盛りにあたっては、燃焼室の形状がきれいな山型に
なるように配慮することが重要である。

　面研の場合は、バルブのシートリング近くまで削ることで、全体に0.5～1mm程度
まで燃焼室高さを低くする。これによってスキッシュエリアが大きくなり、プラグ
位置からヘッドガスケットまでの距離が短くなる。ペントルーフの屋根が低くなる
わけだ。溶接はヘッドと同じ材料のアルミ合金を用いる。

③燃焼室を鏡面仕上げする

　冷却損失を少なくし、燃焼をスムーズに行うために壁面を鏡面仕上げする。バル
ブの傘の底の部分は燃焼室の一部であるから、ここも同じように鏡面仕上げする。
燃焼したエネルギーを素早く運動エネルギーに転換するために、伝熱とともにエネ
ルギーを反射させる意味合いもある。

　こうしたチューニング作業によって燃焼室の形状が変わると吸入空気の入り方も

違い，その量をふやすことができる。面研や壁面の肉盛りにあたっても，できるだけ吸入空気が入りやすいように，リューターなどでバルブまわりのマスキングを防止するように配慮して仕上げる。

［吸排気ポートのチューニング］

　吸入空気を大量にスムーズに燃焼室に送り込むには，吸入ポートの形状，とくにその断面積変化の具合や曲がり方が決め手となる。その流れに抵抗をできるだけ小さくすることが求められる。ポートのチューニングは性能向上のカギを握る部分で，とくにNAエンジンではきわめて重要である。

　ノーマルエンジンのポート形状は，メーカーによって，またエンジンによってまちまちである。高出力を狙ったエンジンのポートは，吸入空気がスムーズに流れるように配慮されるが，実用性を重視したエンジンではポートの曲がりが大きく，抵抗となっているものが多い。チューニングにあたっては，ノーマルポートをどう変えて性能を出すかがポイントである。そのために，ノーマルポートの形状がどうなっているかの検討から始める。

　まず，チューニングするエンジンのシリンダーヘッドのポートに，シリコンゴムを流し込んでその形状を見る。これを固めたものを一定の間隔で切って断面積がどのように変化しているかチェックする。横軸にポートのスロート部から吸気マニホールドまでの長さをとり，縦軸に断面積の大きさをとり，グラフを描く。それによって，断面積がどのように変化しているかを見ることが可能となる。断面積が大き

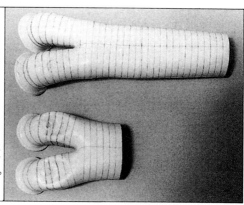

**ポート形状の検討のための
シリコンによる模型**

ポートにシリコンを流し込み，これを固めてマニホールドからポートまでの断面形状変化を検討する。実際にこの模型を輪切りにしてグラフにする。

く変化していると乱流となるので好ましくない。これが，どのようにポートを改良するかの資料となる。

①ポート形状の改良

　シリコンでポート形状をつぶさに検討することによって，改良の方向が見えてくる。断面積変化を小さくするために，ポート壁面を削ったり肉盛りをしたりすることになるが，この場合，シリンダーヘッドの形状によって，どこまでポートの曲がりを少なくできるかチェックすることが大切だ。冷却水通路やバルブ系の配置との関係があり，理想的な形状にすることは簡単ではない。しかし，可能な範囲で曲げ角を大きくするよう努力する。ポートの下部を肉盛りし，上部を削ることで角度の調整を行う。

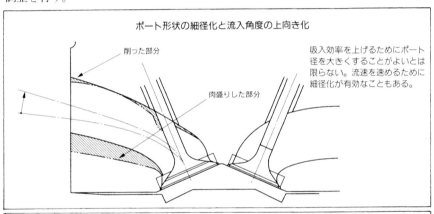

ポート形状の細径化と流入角度の上向き化

削った部分

肉盛りした部分

吸入効率を上げるためにポート径を大きくすることがよいとは限らない。流速を速めるために細径化が有効なこともある。

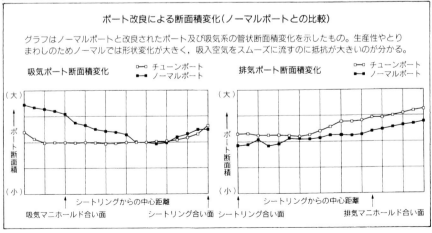

ポート改良による断面積変化（ノーマルポートとの比較）

グラフはノーマルポートと改良されたポート及び吸気系の管状断面積変化を示したもの。生産性やとりまわしのためノーマルでは形状変化が大きく，吸入空気をスムーズに流すのに抵抗が大きいのが分かる。

吸気ポート断面積変化　　○—○ チューンポート　　　排気ポート断面積変化　　○—○ チューンポート
　　　　　　　　　　　　●—● ノーマルポート　　　　　　　　　　　　　　　　●—● ノーマルポート

（大）　　　　　　　　　　　　　　　　　　　　　　（大）

ポート断面積

（小）　　　　　　　　　　　　　　　　　　　　　　（小）

シートリングからの中心距離　　　　　　　　　　　シートリングからの中心距離

吸気マニホールド合い面　　　　シートリング合い面　シートリング合い面　　　　排気マニホールド合い面

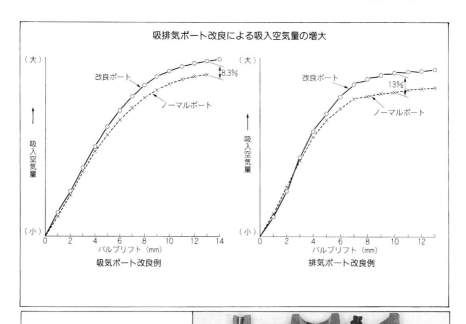

吸排気ポート改良による吸入空気量の増大

吸気ポート改良例

排気ポート改良例

改良したポートのカットモデル

吸排気ポートは鏡面仕上げされているが、ウォータージャケットやプラグ穴、バルブ開口部どうしの間隔などが検討されて改良の方法が決められる。

　ここで、注意するのはポートの太さについてである。吸入空気の流速を速める必要があるから、太くするばかりが能ではない。量産車でも最近はスロート径の80%程度までポートを細くして流速を上げ、燃焼室内のガス流動の向上、燃料の霧化改善を図っているものが見られる。

　流速は最大出力時、80〜100m/sになるのが理想である。そのために、ポートの曲がり具合を検討した後には、ポートの太さを変えて流量テストをくり返す。この際、

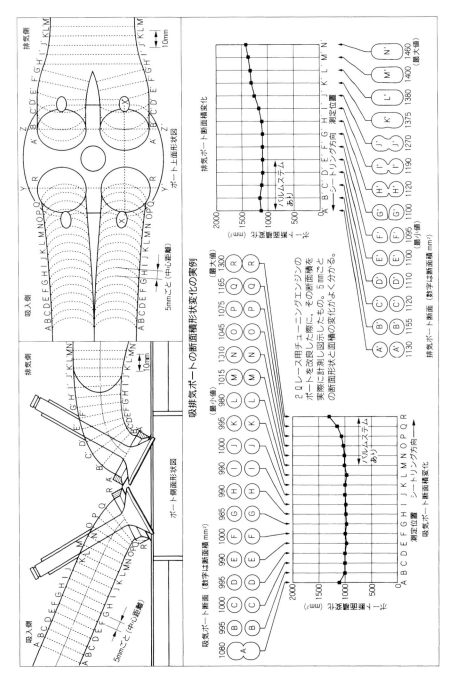

吸排気ポートの断面積形状変化の実例

2ℓレース用チューニングエンジンのポートを改良した際に、その断面積を実際に計測し図示したもの。5mmごとの断面形状と面積の変化がよく分かる。

排気ポート断面（数字は断面積 mm²）

吸気ポート断面（数字は断面積 mm²）

なるべくポート径を細くする方向でテストする。細くすればそれだけ流速が速くなるから流量は減らない。しかし、それも限界を超えれば抵抗が大きくなって流量が減ってしまう。細くしても流量が減らない太さの限界を見付けるのだ。実際にポート径を3～4％ほど細くして出力特性を見た結果、トルクが5～6％ほど向上した例がある。

もちろん、ポート径の太さはバルブリフト量とも関係があるので、カムとの関連で考えなくてはならない。ノーマルカムではだいたい9～10mmが最大リフト量であるが、この場合はポートは太くしないほうがよい。一方、リフト量が11mmくらいになると、ポート径を細くすると抵抗が大きくなるので、細くするのは得策ではない。だからといって太くしすぎると、最大出力値も上がらず、上がったとしてもそこに達するまでに時間がかかり、レスポンスのよくないエンジンになってしまう。

また、バルブ開口面積を決めるバルブ径の大小も影響を受ける。バルブ傘部を大きくすると吸入空気量がふえるように見えるが、逆に、吸入空気量が減少しない範囲でバルブサイズを小さくしたほうがいい。コンパクトな燃焼室にすることと合わせて考えると、バルブサイズをノーマルより大きくする場合は、フローベンチでしっかりと評価して採用すべきである。

②ポートの流入角度を上向きにする

最近のDOHC 4バルブエンジンでは、バルブの挟み角は吸気側では13～15°くらいと、わりと狭くなり、燃焼室もコンパクトなものになってきている。一方、ポートが曲げられたほうがシリンダーヘッドがコンパクトになり、エンジンの搭載性という点では有利である。生産車のボンネット内は、サスペンション取り付けのスペースも稼がなくてはならず、エンジンがコンパクトであるほうが都合がよい。

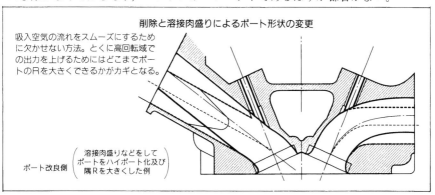

削除と溶接肉盛りによるポート形状の変更

吸入空気の流れをスムーズにするために欠かせない方法。とくに高回転域での出力を上げるためにはどこまでポートのRを大きくできるかがカギとなる。

ポート改良側（溶接肉盛りなどをしてポートをハイポート化及び隅Rを大きくした例）

エンジン断面図を見て，ポート形状の曲がり具合をチェックし，できるだけ曲げRの大きいポート形状に変える。太さや断面積形状の見直しを行っても，バルブリフトが7mm程度で吸入空気量がサチュレートしたとすれば，ポートの曲がりが抵抗になっていると考えてよい。この場合はポートの流入角度を上向きにする必要があるが，ポート径を細くすることができれば上向きにしやすい。削る部分を少なくして肉盛りする部分を多くすればポートを上向きにできる。もちろん，バルブスプリングのシートや冷却水通路などとのかね合いで削れる範囲が制限される。

　吸排気ポートの曲げをゆるくすれば，それだけで10%以上も，出力向上が見られることがよくある。

　また，4バルブの場合はポートが2本の吸気バルブにしたがって分岐するが，この分岐点から燃焼室までの距離はあまり短くないほうがいい。たとえばボアが80mm前後の一般的なエンジンの場合は，50mm以上の距離が必要であろう。ポートが分岐するところでは，断面積変化が急激になるのでここで乱流が生じる。もちろん，分岐する個所は空気をナイフで切り裂くように鋭角になっている必要があるが，最近

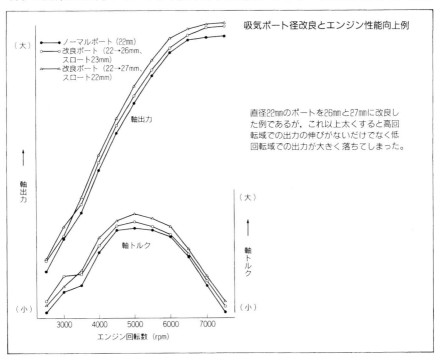

吸気ポート径改良とエンジン性能向上例

（大）
● ─●─ ノーマルポート（22mm）
○ ─○─ 改良ポート（22→26mm，スロート23mm）
△ ─△─ 改良ポート（22→27mm，スロート22mm）

軸出力

直径22mmのポートを26mmと27mmに改良した例であるが，これ以上太くすると高回転域での出力の伸びがないだけでなく低回転域での出力が大きく落ちてしまった。

軸出力
（大）

軸トルク

軸トルク

（小）
（小）
3000　4000　5000　6000　7000
エンジン回転数（rpm）

吸気ポートの改良

吸気マニホールドとのつなぎ面から見た
ポートで、上がチューニングされたヘッ
ドで下がノーマルヘッド。下の2枚の写
真で分かるようにポートの各バルブへの
分岐部は、ノーマル(左)に対してチュー
ニングされたポートではエッジがナイフ
のように鋭くなっているのが分かる。

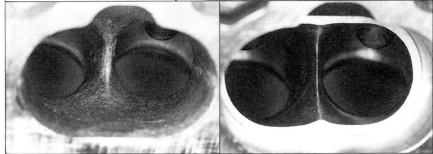

の4バルブエンジンではノーマルでもそうなっているものが多い。分岐してからの
ポートに一定の長さがあれば,分岐によって起こった乱流をおさめてから燃焼室に
混合気が入ることになり,この間に霧化も促進される。

③ポート内面の凹凸をなくす

ポートの研磨作業

ポートはリューターで仕上げる。研磨はペーパーフラップやリューターを使用
し,ヘッドの奥のほうを修正するには長いシャフトのリューターなどで行う。

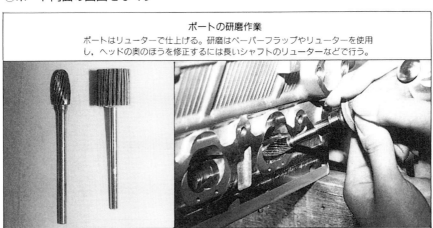

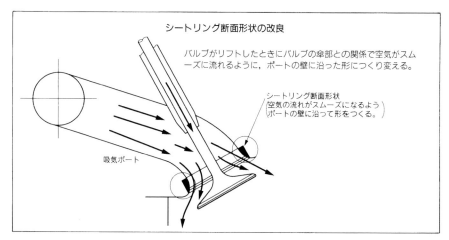

シートリング断面形状の改良

バルブがリフトしたときにバルブの傘部との関係で空気がスムーズに流れるように，ポートの壁に沿った形につくり変える。

シートリング断面形状
(空気の流れがスムーズになるようポートの壁に沿って形をつくる。)

吸気ポート

ポート内の抵抗を減らすために鋳物の肌をリューターなどで削って凹凸をなくす。さらにペーパーで仕上げ，PVAスポンジ砥石で仕上げる。これは3段階にわたって手作業で行う。ポートの研磨はむかしからのチューニングの基本である。

④シートリング形状の見直し

高速タイプのポートでは，バルブが開いた場合には，燃焼室への混合気はバルブの下側より上側のほうが多く流れる。上側のほうが勢いがつきストレートに流れるからだが，シートリングの形状をこれに合わせて変えることによって，流れをさらにスムーズにする。バルブフェースの形状と合わせて変えることで，ポート部からの混合気の流れに抵抗を与えないようにする。バルブ下側はバルブフェースに沿って曲がり込んで吸入されるようになるので，同じようにシートリングにRを付ける。この場合，Rが広がっていくようにシートリングを加工し直す。ノーマルでは，シートリングはストレートになっているので，バルブフェースが抵抗になる。シートリングの燃焼室側が広がった形状にすることで，その抵抗を小さくする。

⑤シートリングカット形状の見直し

ポート側のシートリング形状と同じように燃焼室側のシートリングも面取りをして吸入を促す。とくにバルブが開き始めたときに渦がまいて抵抗とならないように，シートの座面の燃焼室の壁面とつながっている部分は，連続してゆるいRになるように加工する。ノーマルエンジンでもこうした配慮がなされているものがあるが，徹底した面取りをする。隅Rを付けてなめらかにするのは，流体を速く流れるようにするための基本である。

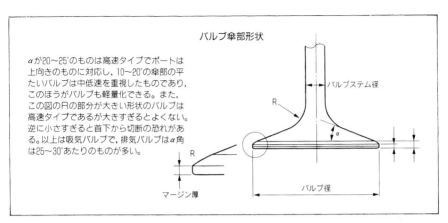

バルブ傘部形状

αが20〜25°のものは高速タイプでポートは
上向きのものに対応し，10〜20°の傘部の平
たいバルブは中低速を重視したものであり，
このほうがバルブも軽量化できる。また，
この図のRの部分が大きい形状のバルブは
高速タイプであるが大きすぎるとよくない。
逆に小さすぎると首下から切断の恐れがあ
る。以上は吸気バルブで，排気バルブはα角
は25〜30°あたりのものが多い。

バルブステム径

R

バルブ径

マージン厚

⑥バルブ傘部の隅R及び角度を見直す

　バルブが開いたとき，ポートとバルブ傘部との形状が，吸入空気が流れやすい空間になっているかチェックする。シートリング形状と同じようにバルブ傘部もポートの一部と考えて，スムーズな形状にする。バルブ傘部の盛り上がりを変え，バルブがポートから突き出した状態のときの流入抵抗を減少させる。

⑦バルブのガイド先端部長さを削れるかどうかチェックする

　バルブが固定されて開閉するように取り付けられているバルブガイドは，ポート内に露出して，ポート内の流れを阻害していることになる。ポート内のバルブガイドを削り落としてもバルブ開閉に問題はないかチェックし，問題がなければ削り落とす。ポート内にはみ出していない部分だけでガイドの役目を果たせばよいわけだ。

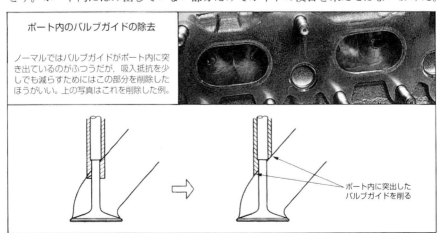

ポート内のバルブガイドの除去

ノーマルではバルブガイドがポート内に突き出ているのがふつうだが，吸入抵抗を少しでも減らすためにはこの部分を削除したほうがいい。上の写真はこれを削除した例。

ポート内に突出した
バルブガイドを削る

バルブとガイドとのクリアランスをノーマルより小さくするなどして，バルブガイドのガタがこないようにして使用する。

⑧バルブステム径を細くする

　ポート内の抵抗を小さくするためにステム径の細いバルブを採用する。とくに古いエンジンの場合はバルブステムが7〜8mmと太いものがあるが，6mmくらいのものが多くなった。これを5.5mm程度まで細くしても，そう問題は起こらない。バルブそのものが軽くなるというメリットもある。しかし，細くしすぎると剛性がなくなり，うまく着座してシールしてくれないという問題が起こり，シール性が悪化するから高回転域で出力が低下してしまう。したがって，ノーマルの10%減あたりがひとつの目安であろう。

　また，傘部に近いステム部分が細くなっているウエストバルブの使用も考えられるが，これは製作するのにコストもかかるので，そこまでする必要があるかどうかを費用と効果の関係で考える。

⑨排気ポートのチューニング

　基本的な考え方は吸気ポートと同じである。しかし，吸気を燃焼室に入れるのは大変だが，排気の圧力はきわめて高いので出すほうが楽なことは確かだ。そのせいか，ノーマルエンジンではポートの形状や断面積変化などは，吸気に比較してラフな面が見受けられる。とくにスペースの関係で排気バルブから集合までの長さが短く，断面積変化も急に大きくなっているものもある。チューニングすることで吸入空気量をふやしたからには，排気側も同じようにスムーズに流れるように加工する必要がある。

　曲がりを小さく，上向きのハイポート型状にし，シートリングの入口と出口の形

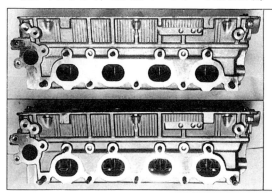

排気ポートの改良

上がノーマルヘッドで下がチューニングされたもの。下のほうがポートの断面が大きくなって排気効率をよくしている。

状もバルブ傘部との関連で見直す。また，ポートのスロート部は絞られているので，削ることで拡大しながら流れをよくする形状にする。曲がり方との関係で，テストしながら少しずつ削っていく。排出をスムーズにしないと吸気もうまく入ってこないから，排気ポートのチューニングをおろそかにするわけにはいかない。

〔シリンダーヘッドの冷却〕

　冷却水はシリンダーブロックからヘッドに流れてくるが，当然のことながらヘッド側の冷却のほうが性能に対する影響が大きい。燃焼室まわりの冷却能力が低いとノッキング限界が高くならないので高性能化がむずかしくなる。

　シリンダーヘッドでは，点火プラグまわりやエキゾーストバルブのシートリングまわりが熱的に厳しいので，このあたりをうまく冷やす。さらに各シリンダー間の冷却能力にバラツキがないようにすることも重要である。

①プラグまわり及びエキゾーストまわりの冷却

　燃焼室近くのシリンダーヘッド部は，DOHC4バルブエンジンでは，ポートやバ

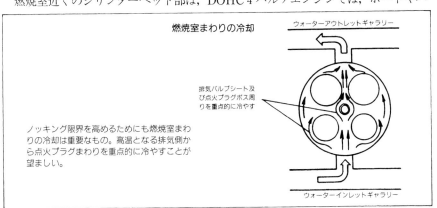

燃焼室まわりの冷却

ウォーターアウトレットギャラリー

排気バルブシート及び点火プラグボス周りを重点的に冷やす

ノッキング限界を高めるためにも燃焼室まわりの冷却は重要なもの。高温となる排気側から点火プラグまわりを重点的に冷やすことが望ましい。

ウォーターインレットギャラリー

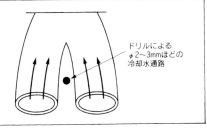

排気ポート近辺の水穴加工

ドリルによるφ2～3mmほどの冷却水通路

熱的に厳しい排気ポートとシートリングの中間に細いドリルで2～3mm径の水の通路を開けて冷却を助ける。

ルブ系，プラグなどのレイアウトで冷却水通路の確保がなかなかむずかしい。設計の段階でしっかりと理詰めで冷却のことまで追求していないと，高性能化できない。鋳造も複雑になるので，その技術も問われる。とくにプラグまわりやエキゾーストバルブまわりは，冷却水通路をとる余裕があまりないが，熱が発生する燃焼室から冷却水通路までが遠くなると，熱の伝導が悪くなって燃焼室が冷えにくくなる。

　ポート形状や燃焼室形状を見直す際に，ノーマルエンジンの冷却水通路がどうなっているかチェックすることが重要だ。実際には，冷却が苦しいことがわかっても，ポート形状を変更するように冷却水通路を後加工することはむずかしい。ヘッドをそっくりつくり直すわけにはいかず，チューニング作業では限界がある。このあたりは頭の痛いところで，ノーマルエンジンの素性のよさが問題になるところだ。エキゾースト側のシートリングとポートの中間部に細いドリルで穴を開けて，水を通すことでシートまわりの冷却をよくすることも可能なら考える。

　冷却系のチューニングのところで述べるが，ウォーターポンプの改良などの手を打ち，プラグやシートリングで冷却性を上げることを考える。つまり，熱価の低いプラグを使用して，プラグの中心電極を通して熱を逃がすようにし，シートリングも銅系のベリリウム銅または燐青銅といった，放熱性のよい材料に交換すると効果的である。

②各気筒間の冷却性能のバラツキの改善

　エンジンのダイナモ試験で，同じシリンダーが決まってノッキングを起こす場合，その気筒の冷却が悪いと考えられる。これは冷却水の流れがよくないせいであることが多い。冷却水がシリンダーブロックからヘッドの各気筒へは，高性能エンジンの場合は均等に入ってくるようになっているから，水の出方が悪いと考えられる。レース出場を前提にチューニングされたエンジンでは，冷却水用のサーモスタットは取り去ることがある。ノーマルエンジンでは，冷却水が暖まらないうちはラジエ

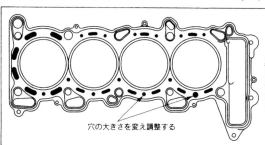

シリンダーヘッドガスケットの水穴

黒くなっている部分が水の通路で前方のシリンダーのまわりに集中しているのが分かる。各シリンダーが均等に冷えるようにシリンダーまわりの水穴の大きさを調整してシリンダー間の冷却の均一性を図る。

穴の大きさを変え調整する

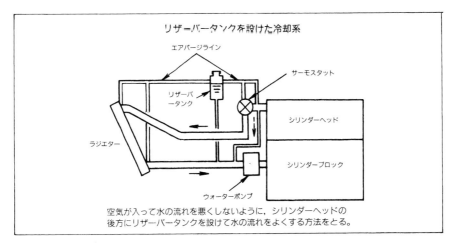

リザーバータンクを設けた冷却系

エアバージライン

サーモスタット

リザーバ
ータンク

シリンダーヘッド

ラジエター

シリンダーブロック

ウォーターポンプ

空気が入って水の流れを悪くしないように，シリンダーヘッドの
後方にリザーバータンクを設けて水の流れをよくする方法をとる。

ターまでの回路を閉じて別通路でエンジンに戻すようになっているが，レース用で
はウォーミングアップしてエンジンを使用するから，こうした配慮は無用，むしろ
抵抗になる。サーモスタットを取り去ると，水の抵抗が小さくなるから流れが変わ
り，流れが悪くなるシリンダーが出てくることもある。とくにサーモスタットがエ
ンジンの端のほうにあるものでは，それと反対側にあるシリンダーへの水の流れが
悪くなってノッキングの原因となりやすい。リザーバータンクを別に設けてシリン
ダーヘッドの後方から水を抜くなどして流れをよくする。

　また，前述したようにヘッドガスケットの冷却水が通る穴の大きさも調整する必
要があれば，同時にそれも行う。ただし，24時間レースなどのように走行時に気温
その他の状況変化の大きいレースの場合にはサーモスタットはあったほうがいい。

［シリンダーヘッド関連部分の改良］

①オイルの回収をスムーズにする

　オイルによる潤滑は，クランクピンやクランクジャーナルほどシビアではないが，
ヘッド側のオイル供給とその回収がうまくいかないとフリクションロスがふえたり，
ブリーザーホースからオイルが吹き出すなど，性能への影響が出てくる。とくにオ
イルの回収についてチェックし，必要なら手を加える。

　エンジンオイルは，シリンダーブロックへの供給とは別系統でシリンダーヘッド
側に送られてくるが，そのオイルはヘッドの端のほうにドリルなどで機械加工で開

145

シリンダーヘッドからのオイル穴の改良

オイルがヘッド内に溜まらないように,
オイルの戻り穴には隅Rを付ける。

けられた穴から下へ落ちて回収されるようになっている。

　しかし，チューニングしたことによってコーナリングスピードが速くなるなどで，クルマにかかるGが大きくなったり，高回転化され，油圧を上げることでヘッドへのオイル量が多くなったりで，ヘッド側の各部にオイルが溜まりやすくなることがある。エンジンによってはオイル回収の穴を一段下げて開けてあるものや，わずかな傾斜が付けられて回収しやすいように配慮されたものもある。それでも役目を終えたオイルをスムーズに回収しないと，バルブスプリングやステムにオイルがからみつき，オイル下がりが生じる可能性がある。回収用の穴の出口に面取りをして落ちやすいように加工する。リューターで削ってジョーゴ状にしたり，そうなっていないシリンダーヘッドではオイルが流れやすいようにわずかな傾斜を付ける。

②シリンダーヘッドボルト

　シリンダーヘッドとブロックは，間にヘッドガスケットを介してヘッドボルトで締結される。NAエンジンやストリート用ターボエンジンのチューニングでは，ヘッ

シリンダーヘッド上部の改良

ハイリフトのカムプロフィールにしたために，カムの回転による逃げを加工したヘッド。回転するカムと接触するカムジャーナル部はフリクションロスを減らすために鏡面仕上げする。

ドボルトはノーマルのままで問題はないが，高過給のターボチューンなどのように燃焼圧力が大きくなった場合は，ヘッドガスケットが抜けないようにしっかりと締結する必要がある。燃焼の圧力でシリンダーヘッドが盛り上がるような動きになるので，高強度ボルトで軸力を上げたものにする。

そのために，シリンダーブロック内にネジを余分に切って，ネジの噛み合いをふやすことで軸力をさらに上げることも有効だ。ターボエンジンのように大トルクを発生するエンジンでは，ボルトに対する配慮が必要となるが，NAエンジンなどでは問題が起こってから対策するのがふつうだ。

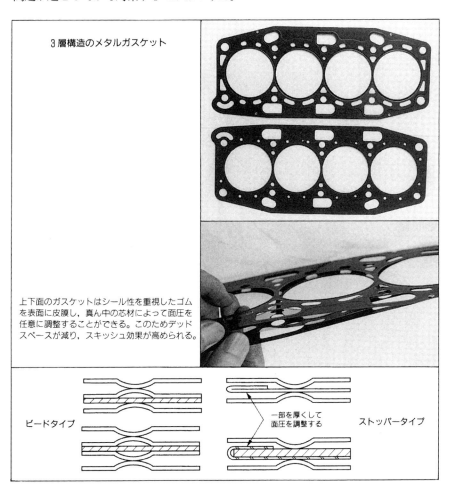

3層構造のメタルガスケット

上下面のガスケットはシール性を重視したゴムを表面に皮膜し，真ん中の芯材によって面圧を任意に調整することができる。このためデッドスペースが減り，スキッシュ効果が高められる。

ビードタイプ　　　一部を厚くして面圧を調整する　　　ストッパータイプ

③シリンダーヘッドガスケット

　ヘッドガスケットは燃焼ガスがもれることを防ぐための性能，つまりシール性が要求され，従来はアスベストが用いられたが，人体への悪影響がある素材として使用されることが規制され，いまやメタルガスケットが主流となっている。アスベストはシール性と復元力が優れていたものの，シリンダーを加工した後に締結して真円度をチェックする際に再現性がないという欠点があった。しかし，メタルガスケットではそうした欠点がなく，ダミーヘッドであっても実際に使用される状態とほぼ同じ状況になるので，チューニングするには安心だ。

　ノーマルエンジンでは1〜3層のメタルガスケットがふつうだが，枚数を多くしたもののほうがシール性を確保できる。メタルを用いるので厚さや面圧を変えることが可能。チューニングによって燃焼圧力が高められるのに見合って，シール性を高めたほうがよい。メタルガスケットはメタルそのもののバネ性をビードタイプとして使用し，中間にメタルを挟むことによって局部的な面圧を確保し，クッション性を確保している。このため，使用したガスケットのビード部分がへたって，高さがなくなるとシール性が悪くなる。メタル枚数がふえれば，受けもつ荷重が少なくなるので，ガスケットは3枚より4枚のほうがシール性は向上するが，枚数を多くすることで厚くなると圧縮比が下がるというトレードオフがある。

　メタルガスケットにはビードタイプとストッパータイプがあるが，前者はNAエンジンに，後者はターボのような高燃焼圧のエンジンに使用される。

カーボンガスケット　　　　　メタルガスケット　　　　ガスケットによるダミーヘッドの変形

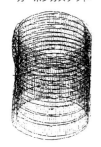 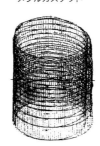

左のカーボンガスケットではボアが変形して真円度を保てないが，右のメタルガスケットでは安定しているのが分かる。

6. 動弁系のチューニング

　動弁系の部品としてはカムシャフト，バルブ及びその関連部品，バルブスプリング，さらにはカムのドライブ機構などがあるが，とくにカムやバルブ系，バルブスプリングは性能を出すためにお互いに密接な関係にある。いずれも吸排気のバルブの開閉というエンジン作動の中心的なメカニズムの部分で，高出力・高回転化のカギを握るところである。

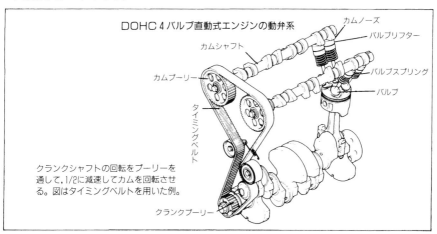

DOHC 4バルブ直動式エンジンの動弁系

カムノーズ
バルブリフター
カムシャフト
バルブスプリング
カムプーリー
バルブ
タイミングベルト

クランクシャフトの回転をプーリーを
通して，1/2に減速してカムを回転させ
る。図はタイミングベルトを用いた例。

クランクプーリー

昔からカムを替えただけでエンジン性能が向上するといわれた。しかし、カムを替えることでバルブ開度やリフト量、バルブタイミングなどをコントロールし出力向上を狙うが、カムだけを交換してもチューニングによる向上幅には限度があり、スプリングやバルブ系との関係、さらにはポート形状や燃焼室形状、ピストン、圧縮比の選択、主運動系部品までの全体のバランスの上に立った最適なものにすることが、効率よいチューニング法である。

〔カムシャフト〕

　DOHC４バルブエンジンの場合、カムの回転によるバルブ開閉方式としては、直動式、ロッカーアーム式の２種類がある。
　ロッカーアーム式は、カムがロッカーアームを押してスプリングを縮め、バルブを開閉させるが、直動式はバルブリフターを直接押すことになるので、このほうが高性能なDOHC４バルブエンジンにふさわしいタイプである。ロッカーアームのスペースがいらず、その分シリンダーヘッドを小さくすることができ、アームを介さないので剛性が高くなる。部品点数が少なく、高回転域でのフリクションロスも小さくなる。
　ローラーロッカーアーム方式では、アイドリング時など低回転でのフリクション

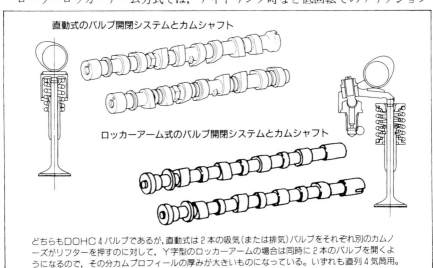

直動式のバルブ開閉システムとカムシャフト

ロッカーアーム式のバルブ開閉システムとカムシャフト

どちらもDOHC４バルブであるが、直動式は２本の吸気（または排気）バルブをそれぞれ別のカムノーズがリフターを押すのに対して、Y字型のロッカーアームの場合は同時に２本のバルブを開くようになるので、その分カムプロフィールの厚みが大きいものになっている。いずれも直列４気筒用。

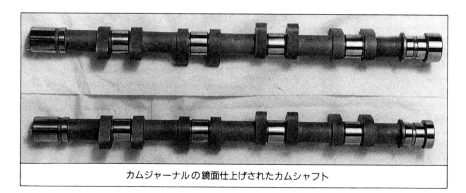

カムジャーナルの鏡面仕上げされたカムシャフト

ロスを小さくできる。直動式はすべり摩擦であるが，ローラーロッカーアーム式は
ころがりタイプになるため，実用性を重視したエンジンではこれによって燃費が
よくなることが重要であるからだ。

　DOHCエンジンの場合，カムとバルブリフターやロッカーアームとの間のクリア
ランスを一定に保つことが必要で，かつてはこの調整をするというめんどうなメン
テナンスを行わなくてはならなかった。その後，直動式でもラッシュアジャスター
という油圧による自動調整装置を付けて，このクリアランスをなくした機構のエン
ジンが多くなってきた。

　直動式の場合，バルブクリアランスは吸気バルブ側で0.2～0.35mm，排気バルブ側
で0.25～0.45mm程度がふつうで，この値はバルブの温度と全長によって変化させて
突き上げを防止する。これが大きくなるとタペットノイズといわれるバルブ打音が
大きくなり，逆に小さすぎるとバルブが完全に閉じずに圧縮もれを起こす。ロッカ
ーアーム式のバルブクリアランスは0.15～0.2mm程度である。

　このクリアランスが大きいか小さいかで，カムとリフターやロッカーアームへの

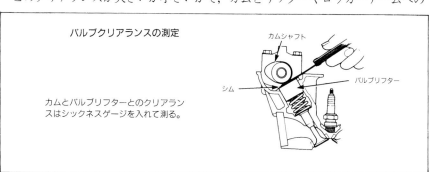

バルブクリアランスの測定

カムシャフト

シム

バルブリフター

カムとバルブリフターとのクリアラン
スはシックネスゲージを入れて測る。

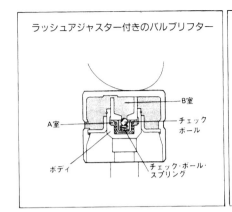

ラッシュアジャスター付きのバルブリフター

B室
A室
チェック
ボール
ボディ
チェック・ボール・
スプリング

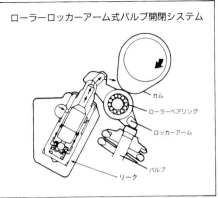

ローラーロッカーアーム式バルブ開閉システム

カム
ローラーベアリング
ロッカーアーム
バルブ
リーク

当たり具合に差が生じる。クリアランスが大きいと当たる瞬間の衝撃が大きくなり，カムの表面の摩耗を早める。逆にクリアランスが小さいとバルブが完全に閉じずにアイドリングが不安定になり，出力も低下してしまう。

　バルブはカムに押されたスプリングが縮むことで開き始めるが，このクリアランスはカムの開度でみればランプ部分(助走部分)にあたり，カムがリフターと接触した後，バルブがリフトし始めてから閉じ終わるまでが作用角である。バルブリフトカーブは，ゆるやかな放物線を描き，左右(つまり開と閉)が対称となり，頂上部分までの高さ(ランプ高さも含めて)がバルブリフト量となる。ここでいうランプ高さとは，いきなりリフトさせるとバルブの加速度が大きすぎるので，それを避けるために設ける助走区間のことである。

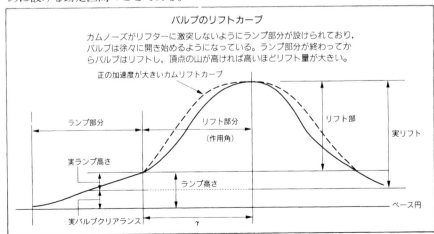

バルブのリフトカーブ

カムノーズがリフターに激突しないようにランプ部分が設けられており，バルブは徐々に開き始めるようになっている。ランプ部分が終わってからバルブはリフトし，頂点の山が高ければ高いほどリフト量が大きい。

正の加速度が大きいカムリフトカーブ

ランプ部分
リフト部分
(作用角)
リフト部
実リフト

実ランプ高さ
ランプ高さ
ベース円

実バルブクリアランス
γ

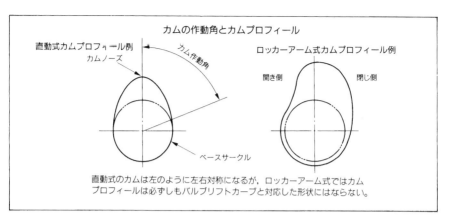

カムの作動角とカムプロフィール

直動式カムプロフィール例
カムノーズ
カム作動角
ロッカーアーム式カムプロフィール例
開き側　　　　　閉じ側
ベースサークル

直動式のカムは左のように左右対称になるが，ロッカーアーム式ではカム
プロフィールは必ずしもバルブリフトカーブと対応した形状にはならない。

　ここで注意しなくてはならないのは，直動式はバルブリフトカーブとカムリフト
カーブが同じであるが，ロッカーアーム式では異なることだ。直動式ではカムプロ
フィールそのものがリフトカーブと同じ左右対称だが，ロッカーアームを介するこ
とでロッカーアーム式は直動式と同じ左右対称のバルブリフトカーブを描いても，
カムプロフィールは左右対称にならない。レバー比が異なるために，あらかじめ計
算式に基づいてカム形状が決められる。したがって，カムの外見が非対称であって

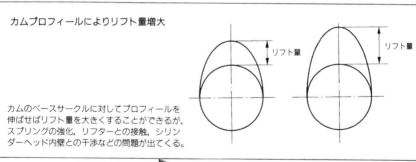

カムプロフィールによりリフト量増大

リフト量　　　　　　　　　　　リフト量

カムのベースサークルに対してプロフィールを
伸ばせばリフト量を大きくすることができるが，
スプリングの強化，リフターとの接触，シリン
ダーヘッド内壁との干渉などの問題が出てくる。

カムノーズ部

先端Rを大きくしてヘルツ応力を下げ，
リフターとのチッピングを防止する。そ
のためにはカムのベース円を大きくする
必要がある。

も，いわゆる非対称カムではない。ローラーロッカーを使用したものでは，カム外周の一部が凹んだRのプロフィールをもったカムもある。

　カムのプロフィールは，そのタイプによってポリダインカム，ポリノミアルカム，マルチサインカム，特殊サインカム，変形ポリダインカムなどがあるが，いずれもそれぞれの計算式によってプロフィールが決められる。

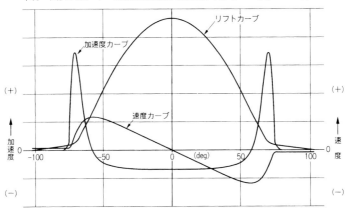

ポリダインカムのリフト及び加速度，速度カーブ

ポリダインカムとはロッカーアームなどを利用してバルブを駆動するタイプでリフトカーブがロッカーアームなどの剛性を考慮したプロフィールとなっている。

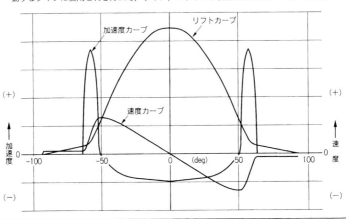

マルチサインカムのリフト及び加速度，速度カーブ

マルチサインカムはDOHCのロッカーアームなどを使用しないバルブリフターを直接駆動するタイプに使用されるカムで，サイン，コサインの複雑な組み合わせで示される。

カムの性能を見るにはリフトカーブのほかに，これを微分したカム速度カーブ，さらにそれを微分したカム加速度カーブに注目する。これらのカーブ形状を変えるには，カムプロフィールを変えるわけで，それがエンジン性能を左右することになる。

リフトカーブは，カム作用角の大きさとリフト量を見ることができ，カム加速度カーブはバルブの開閉の変化がどのように構成されているかの基本となっており，動弁系の剛性によってカムの加速度が決定される。一般には正の最大加速度は80㎜/rad²，負の最大加速度は−10〜−18㎜/rad²くらいの値が採用されており，これが性能に大きく影響する。バルブが速く開いてゆっくりと閉じるカムにするには，立ち上がりの正の最大加速度を上げて，閉じ側の負の加速度は下げる傾向にする。

それでは，カム開度について見ていくことにしよう。カム開度が大きく，同じ加速度を使うのであれば，山型カーブの面積を大きくでき，バルブリフト量も大きくできる。したがって，開度の大きいカムは高回転・高出力用ということになる。一般的な目安としては，カム開度として248〜264°くらいがストリート用で，ラリーやレース用が272〜296°ほどで，300〜320°になるとF1やF3000など頂点のレース用ということになる。バルブスプリングの制約，最高回転数，ロッカーアーム比，バル

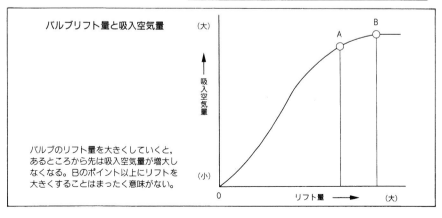

チューニングによるカム開度の基準

仕　　様	カム開度			
ストリート仕様	240°	248°	256°	
軽度のチューニング仕様	256°	264°	272°	288°
ラリー用チューニング仕様	272°	288°	300°	304°
レース用チューニング仕様	304°	310°	320°	324°

バルブリフト量と吸入空気量　　（大）

吸入空気量

（小）

バルブのリフト量を大きくしていくと，あるところから先は吸入空気量が増大しなくなる。Bのポイント以上にリフトを大きくすることはまったく意味がない。

0　　　　リフト量 ⟶　　（大）

ブリフター径，リフターガイド長さ，カムノーズ面圧などを考慮して，カムの正加速度が決定される。

　もちろん，カム開度とバルブリフトとは完全に比例するものではなく，カムプロフィールをベースサークルに対して伸ばせばリフト量を大きくすることができる。この場合，ノーマルのバルブリフターではプロフィールの最先端がスムーズに接触しない可能性があるので，サイズの大きいリフターに置き換える必要がある。バルブのリフトカーブ図で見ると，カム加速度を高くすれば角度面積を稼ぐことができ，速くバルブを開けることができる。しかし，そのためにはバルブスプリングを強くしなくてはならない。

　もちろん，それだけではない。カム開度を大きくしても，ポート形状や燃焼室などがそれに対応したものになっていなければ性能向上するどころかマイナスの効果が出る。たとえば，低回転時では実圧縮比が下がるので，バルブが開いている時間が長くて吹き返しが起こってパワーダウンする。この場合はカム開度を小さくしなくてはならない。逆に高圧縮比エンジンで作動角の小さいカムを使用すると高回転時の実圧縮比が高くなりすぎてノッキングを起こす恐れがある。

　リフト量も同じように，大きくすることばかりが能ではない。あるリフト量以上にしても空気の入り方が多くならなければ，その限度を超えたリフト量にするのは無駄である。というより，リフト量を大きくするためにスプリングを強化するなど余分な負担をかけ，トラブルを引き起こしたり，性能上のマイナスをきたすことになる。

　カムプロフィールの設定は，エンジン各部のチューニングの度合いを正確に反映し，所期の性能目標に合ったものにすることが大切である。ここでもカムを含めた相乗効果を求めないと，大幅な性能向上は達成できない。カムを替えただけで可能となる性能向上幅はたかが知れているのである。

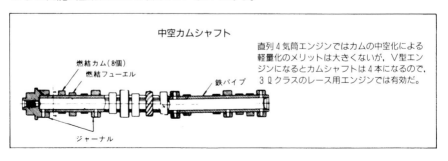

中空カムシャフト

直列4気筒エンジンではカムの中空化による軽量化のメリットは大きくないが，V型エンジンになるとカムシャフトは4本になるので，3ℓクラスのレース用エンジンでは有効だ。

燃結カム（8個）
燃結フューエル
鉄パイプ
ジャーナル

　また，最近は軽量化された中空カムが現われているが，バルブ系の軽量化に比較してカムシャフトそのものの軽量化による高回転化に対するメリットはそう大きくはない。

　軽量化を図るなら鋳鉄製ではなく浸炭鋼をタフトライド処理した材料のものにし，剛性を上げると同時に軽量化を図ることだ。タフトライド処理されることによって，リフターとの馴染み性を上げるというメリットもある。中空にしても剛性が充分にあれば，カム１本では数百gの軽量化ができるので，V8エンジンなどの場合は軽量化そのものの効果は決して小さくない。

〔バルブスプリング及びバルブ系の軽量化〕

①バルブスプリング

　高回転化していく過程で，もっとも注意しなくてはならないのがバルブスプリングの性能である。カムプロフィールは，狙った性能を出すために計算して形状を決めることができるが，それが所期の性能を発揮するためには，バルブスプリングがスムーズに機能することが前提となる。しかし，スプリングはエンジン回転を上げていけばサージングやジャンプといった問題をかかえることになり，それが起こらないようにすることが大切である。しかし，それには限度があるから，高回転化の限界はバルブスプリングによって決められるといっても過言ではない。

　カムを替えた場合は，ノーマルのままのスプリングでは取り付け荷重とリフト荷重のマッチングが図れなくなり，当然サージングやジャンピングが起こる可能性が大きくなる。それを防ぐためにカムとスプリングは新たに設計された強固なものと

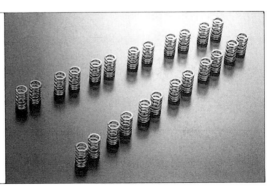

バルブスプリングチューニングキット

これは６気筒用なので吸排気合わせて24本で１セット。バルブリフトを大きくしたり，高回転化でバネ定数を上げる必要があるが，すべてのスプリングが均一になっていないといくらチューニングしてもその効果は現われない。スプリングは精密な仕上がりが要求されるものだ。

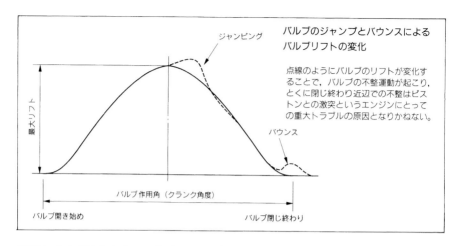

ジャンピング

バルブのジャンプとバウンスによる
バルブリフトの変化

点線のようにバルブのリフトが変化することで，バルブの不整運動が起こり，とくに閉じ終わり近辺での不整はピストンとの激突というエンジンにとっての重大トラブルの原因となりかねない。

最大リフト

バウンス

バルブ作用角（クランク角度）

バルブ開き始め

バルブ閉じ終わり

交換しなくてはならない。とくにバルブリフト量を大きくすれば，スプリング荷重を大きくしなくてはならない。カムがバルブを押す力が大きくなるわけだから，バルブ系の重量が軽減されれば，スプリングを強化したのと同じになる。

　カムがリフトする力は，バルブスプリングの取り付け力（バルブのバネ定数×リフト量）＋取り付け荷重となる。一方，バルブの慣性力は，バルブ系重量×カムプロフィールの加速度となる。

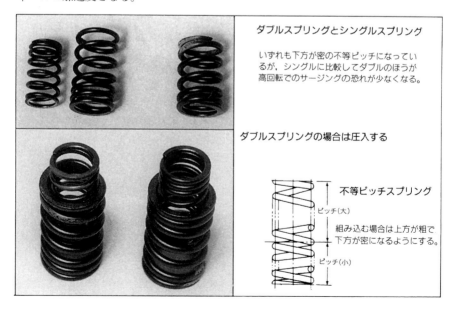

ダブルスプリングとシングルスプリング

いずれも下方が密の不等ピッチになっているが，シングルに比較してダブルのほうが高回転でのサージングの恐れが少なくなる。

ダブルスプリングの場合は圧入する

不等ピッチスプリング

ピッチ（大）

組み込む場合は上方が粗で下方が密になるようにする。

ピッチ（小）

　このバルブの慣性力がスプリング反力を上まわると，バルブがスプリングに追随せずにバウンスが起こり始める。それを防ぐためにバネ定数を上げたり，スプリング最大荷重や取り付け力を上げる必要がある。つまり，バルブスプリングを見直すことになる。

　バネ定数を上げるためには，コイルスプリングの線径を太くすることや直径を大きくすることが常套手段である。しかし，コンパクトなシリンダーヘッド内におさめる小さなスプリングでは，その限度は非常に低い。したがって，バネ定数を上げられるのはごく限られた範囲であり，スプリングの取り付け荷重と最大荷重を上げることが重要になる。そのためには，2段不等ピッチバネやダブルスプリングの採用などの方法が考えられる。

　2段不等ピッチのスプリングは，上部が粗にして下部が密になる巻き方のもので，こうした不等ピッチのスプリングをダブルにするのが現状ではベストの選択である。この場合，インナーとアウターとは逆巻きにし，しかも組み付ける際には締まりばめ（圧入タイプ）にする。こうすることでスプリングどうしが動きを干渉し合うことで共振が小さくなる。圧入タイプにすれば，等ピッチスプリングでもかなりな範囲をカバーすることができるといえるだろう。

　ここで注意するのは，最大リフト時，つまりバネがもっとも縮んだ状態で密着余

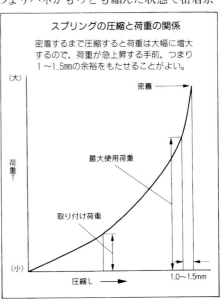

バルブスプリングのフルリフト時の余裕度

フルリフト時にスプリングが完全に密着するとサージングの起こる可能性がきわめて大きくなるので，若干の余裕をもって設置する。

1〜1.5mm

スプリングの圧縮と荷重の関係

密着するまで圧縮すると荷重は大幅に増大するので，荷重が急上昇する手前，つまり1〜1.5mmの余裕をもたせることがよい。

（大）

密着

最大使用荷重

取り付け荷重

荷重↑

（小）

圧縮 L →

1.0〜1.5mm

裕を1.0〜1.5mmほどとることだ。スプリングは密着しようとするところで急激に取り付け荷重が大きくなる。その直前で抑えて固有振動数も変わりジャンピングの発生を抑える効果をもたせる。わずかな寸法でも詰めたいところだが，密着余裕をなくすことは好ましいことではない。ただし，密着余裕が大きすぎるとサージングが起こりやすくなるので注意を要する。

　もうひとつ，スプリングに関して注意すべき点は，バルブとピストンとのクリアランスの問題である。バルブ開閉のタイミングを大きくし，加速度を大きくしていくと，ピストンの上昇時にバルブがリフトカーブよりも多くリフトして，バルブが燃焼室に突き出た状態になる。そこで，バルブとの接触を避けるためにピストン頭部にバルブリセスが設けられるわけだが，バルブスプリングがサージングしないように最大限の努力を払うことで，バルブリセスをあまり深くしないことが重要である。

　しかし，実際には動弁系の運動は，高回転化されればされるほど設計どおりにいかないことが多い。使用するカムシャフトとバルブスプリングの組み合わせで，サ

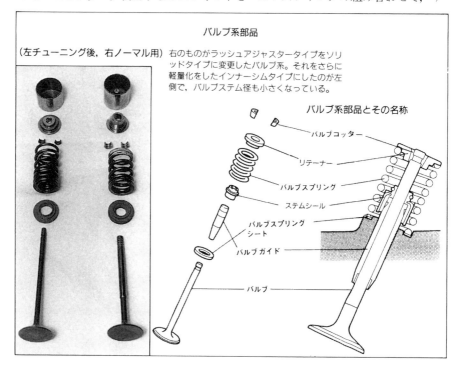

バルブ系部品

（左チューニング後，右ノーマル用）右のものがラッシュアジャスタータイプをソリッドタイプに変更したバルブ系。それをさらに軽量化をしたインナーシムタイプにしたのが左側で，バルブステム径も小さくなっている。

バルブ系部品とその名称

バルブコッター
リテーナー
バルブスプリング
ステムシール
バルブスプリングシート
バルブガイド
バルブ

ージングの起こる限界を実機のテストで知っておくことが大切である。余裕がどの
くらいあるか知っていないとトラブルに結び付く危険性はそれだけ大きくなる。

②バルブ系部品の軽量化

　バルブスプリングの荷重が要求される範囲におさまらないときには，バルブ系の
部品の軽量化を図ることがもっとも効果的な手段である。とくに高回転化する場合
は，その要求が強くなる。ここでいうバルブ系部品は，バルブ本体，バルブリフタ
ー，シム，リテーナー，コッターなどである。動弁系の重量としては，これにスプ
リング（インナー及びアウター）の1/3の重さがプラスされる。

　バルブの軽量化はとくに重要であり，使用時間を考えて極限まで軽くする努力を
行うべきである。吸入バルブについてはシリンダーヘッドのところでも述べたよう
にバルブステムの細径化が考えられる。さらに，バルブ傘部に近い部分を細くした
ウエストバルブを採用する例もある。

　材料を変えてチタンバルブにするのも有効だ。ただし，レース用の場合はレギュ
レーションによってチタンが禁止されている場合もある。排気バルブは，たとえレ
ギュレーション上，許されてもチタン化はしないほうがいい。

　吸気バルブに比較して，ずっと熱的に厳しい排気バルブは，耐熱鋼でないと折損

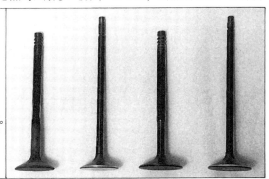

ノーマルバルブと
チューニングバルブの比較

左の2本が排気バルブで，右が吸気バルブ。
いずれもノーマルはステム径が太いが，チ
ューニングエンジン用のバルブは径が細く
なっており，傘部の形状にも違いがある。

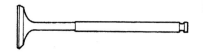

ウエストバルブ

バルブステムを小径にするのは吸入空気量を
ふやすために行われるが，バルブ傘部に近い
部分を細くすることでその効果を発揮させる。

ナトリウム封入中空バルブ

中空にすることでバルブの軽量化を図るとと
もにナトリウムを封入することで，冷却効果
が期待できるのでレース用にはよく使われる。

金属ナトリウム

アウターシムタイプのリフター
とインナーシムタイプ

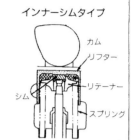

インナーシムタイプ

カム
リフター
リテーナー
シム
スプリング

リフターのかん合がしっくりといっている場合の
よい当たり状況を示している。左側がノーマルタ
イプで右が軽量化を図ったインナーシムタイプ。

などの問題が起こる。排気バルブを新設する場合は，中空のナトリウム封入タイプ
がいい。ノーマルの高性能タイプエンジンでも採用されるようになっており，50℃
以上の冷却効果がある。

　吸気バルブに比較して排気バルブは傘部のR形状が大きくなっているので，これ
を削ることで軽量化が可能だ。しかし，そうすることでバルブを伝わって逃げる熱
が減り，排ガスの流れがごくわずかながら悪化する。スプリングの強化に対する要
求の度合いとのかね合いで決める。さらに吸排気バルブとも，傘部の肉抜き，傘部
の角度，隅R，マージン厚を見直すことも場合によっては考える必要がある。

　バルブリフターは，ラッシュアジャスタータイプではオイルを使用するので剛性

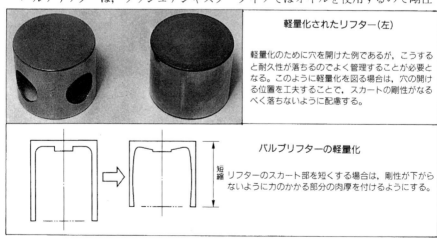

軽量化されたリフター（左）

軽量化のために穴を開けた例であるが，こうする
と耐久性が落ちるのでよく管理することが必要と
なる。このように軽量化を図る場合は，穴の開け
る位置を工夫することで，スカートの剛性がなる
べく落ちないように配慮する。

バルブリフターの軽量化

短縮

リフターのスカート部を短くする場合は，剛性が下がら
ないように力のかかる部分の肉厚を付けるようにする。

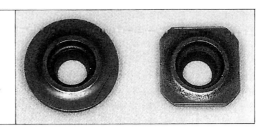

チュ　ニングされたリテーナー

バルブを保持するリテーナーも軽量化を図る。右のものもチューニングされているが、左はさらに軽量化が図られたリテーナー。

が下がり、重量も大きくなることで高回転への追随がよくないので、ソリッドタイプに交換する必要がある。軽量化のためにもシンプル・イズ・ベストである。直動タイプでは、カムと当たるリフターの頂面は、耐衝撃性を上げ、耐摩耗性も向上させる必要がある。

　リフターの材料は一般にはSCM415（SCM21）材で、慣性重量を下げるためにインナーシムタイプに変更する。SCM415材というのは、ニッケルが含まれている高級合金鋼である。バルブに次いで軽量化の効果の大きい部品なので、使用時間を短くできる場合は思い切った軽量化を図ることが必要になる。薄肉化を図り、スカート部の下端にリブなどを設けて応力の分散を図る。さらに徹底する場合は、スカート部を短くしたり、リフター頂面やスカートに軽量化のための穴を開ける。この場合、なるべく剛性が低下しないように、穴の開ける位置を注意する。漫然と一列に穴を開けたのでは、隣りどうしの距離が少なくなり剛性が低くなるので、はすかいに開けるなど同じ程度の軽量化効果を上げても、剛性を下げない工夫をすることだ。

　リテーナーは追加工などをして余分な肉を取り去って軽量化を図る。材料を変えることが可能な場合は、チタンやアルミ合金に置き換える。アルミの場合は焼結材を用いる。

［カムドライブ系］

　レース専用に開発されたエンジンでは、カムドライブはギアが用いられるが、ノーマルエンジンではほとんどがチェーンかコグドベルト式である。カムや動弁系部品に比較すると、性能を出すキーポイントとはいえない部分なので、とくに大がかりなチューニング作業は必要ない。

①チェーンドライブの場合

　ノーマルエンジン用のチェーンでは、油圧のチェーンテンショナーが付いていて、

コグドベルトによるカムの駆動

高回転まで追随するようにベルトのかかり
方を改良し、レイアウトもノーマルとは異
なったものになっている。クランクプーリ
ーやカムプーリーも変更されている。

回転が上がるとチェーンを押す力がふえてくる。そのため、チューニングすること
で高回転化を図ると、チェーンが張りすぎてしまうことになる。それではフリクシ
ョンロスがふえるから適当にチェーンの張力に遊びがあるように固定式に調整して、
むやみに張力が強くならないようにすることが大切だ。また、スリッパーについて
は、ゴムの表面にフッソ加工してフリクションロスを下げる。または樹脂で成形さ
れたものもある。

②コグドベルト駆動の場合

　鋳鉄製シリンダーブロックの場合は別だが、アルミ合金製の場合はアルミの熱膨

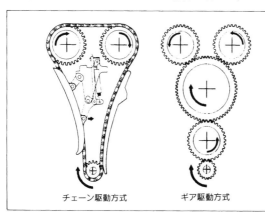

チェーン駆動とギア駆動

チェーン駆動はコグドベルトと並んで
市販車に採用されているが、ギア駆動
はモーターサイクル用を別にすればレ
ース専用エンジンに採用されている。

チェーン駆動方式　　　ギア駆動方式

張に対応するために，冷間時に張力を調整するオートテンショナータイプが多くなっている。オートテンショナーがないタイプではチェーンと同じようにベルトの張力が大きくなりすぎる恐れがある。ベルトは張力でもたせてあるので，これがクランクシャフトを曲げる力となって，クランクシャフトをねじることになる。そこでカムドライブするベルトの方向と相殺するように，オルタネーターなどのベルトをかけて，クランクシャフトをある方向にだけ曲げる力が働かないように工夫する必要がある。温間時にどのくらいの張力にしたらいいかチェックし，できるだけ張力を小さくする方向にもっていくべきである。

　ベルトは石を挟んだりすると切れることがあるので，私はチェーンのほうがベターであると考えている。

③ギアドライブの場合

　F1やF3000用のエンジンではギア駆動が一般的である。しかし，ノーマルエンジンをチューニングする場合，クランクシャフトプーリーからカムプーリーまでの間をすべてギアでつなぐのは，あまりにも費用がかかるわりにその効果は大きくない。確かに高回転化すればギア駆動のほうが正確であるが，チェーンやコグドベルトの性能は向上しており，騒音という問題もあまりない。

　チューニングエンジンの場合，クランクプーリーからギアを介してアイドルギア

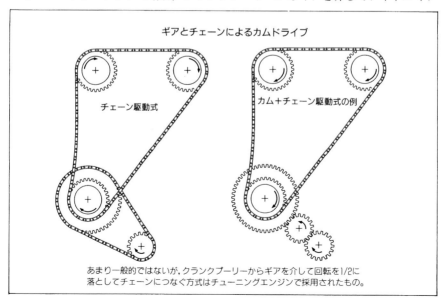

ギアとチェーンによるカムドライブ

チェーン駆動式

カム＋チェーン駆動式の例

あまり一般的ではないが，クランクプーリーからギアを介して回転を1/2に
落としてチェーンにつなぐ方式はチューニングエンジンで採用されたもの。

を使用して回転を半分にし，カムプーリーとはチェーンで結ぶ方式が考えられる。こうするとチェーンは１：１の回転となるので，ノーマルのチェーンドライブのように半分に回転を落とさないですみ，チェーンの回転数が半分となり，フリクションロスを減らすことができる。それにクランクに曲げ力が働かない点もメリットとなる。

［動弁系のフリクションロス低減及び性能保持］

　これまで述べてきたように，高回転化するために動弁系はきわめて重要な部分であり，高回転化することでフリクションロスは増大しないものの，その低減については配慮する必要がある。

①カム及びジャーナルとリフター頭部の鏡面仕上げ

　カムノーズとリフターは金属どうしが面接触しており，カムジャーナルとヘッド側のジャーナルキャップも同様だ。したがって，この接触する部分のフリクションロスを小さくするために鏡面仕上げにする。とくにバルブリフターとカムプロフィールの面粗度を上げるとその効果は著しい。ある実験結果によると，カム表面の面

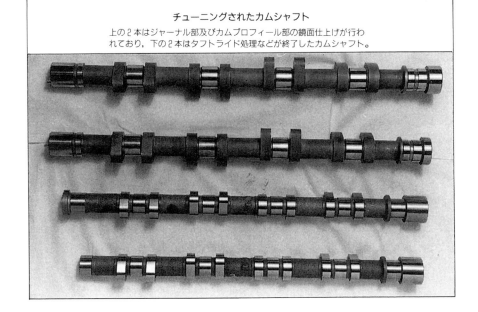

チューニングされたカムシャフト
上の２本はジャーナル部及びカムプロフィール部の鏡面仕上げが行われており，下の２本はタフトライド処理などが終了したカムシャフト。

カムノーズとバルブリフターの接触

ノーズの先端とバルブリフターのトップは
摺動抵抗を減らすために研磨されている。

粗度を0.15μ以下にすると急激にフリクションロスが小さくなるというデータが報告されている。我々がいう鏡面仕上げの面粗度は0.05μほどを意味するから，ここまですればロス低減の効果は大きいはずだ。

　また，カムプロフィールの幅を減少させて，リフターとの当たり面を少なくすることでフリクションを低減させることも可能だ。しかし，これによって摺動抵抗は減るが，そのために面圧が高くなるので，リフターの当たり面をかじる可能性が出てくる。どちらかといえば当たり面が大きいほうが無難である。ベース円の部分は当たらないので幅を狭くして軽くする。

②各部品のバラツキを小さくする

　4バルブエンジンでは動弁系部品を小さく軽量化することができるが，その分部品点数がふえる。とくにスプリングをダブルにすると，4気筒エンジンでもスプリング数は32個に達する。各シリンダーのスプリング取り付け長さ，取り付け荷重，最大使用高さ，最大使用荷重をすべて計測してバラツキをなくすようにする。これらのスプリング精度が出ていないと期待する性能にならない。また，バルブの軽量化にあたっても，各バルブ重量にバラツキがあることは望ましくない。バラツキをゼロに近づける。吸気バルブと排気バルブ重量もできれば同じほうが望ましい。

③カムのねじれ剛性の向上

　4気筒やV6エンジンではあまり問題にならないが，直列6気筒やV12エンジンではカムシャフトも長くならざるを得ない。高回転化によってカムのねじれを生じ，直列6気筒でいえば1番シリンダーと6番シリンダーとの間でタイミングのずれが生じることになる。それを防ぐために曲げ剛性とねじれ剛性を確保するように配慮

する。そのためには，カムシャフトを鋳鉄製から浸炭窒化製のものに変えたり，剛性の高い断面形状にすることが効果的である。

〔バルブタイミングの選定〕

　バルブの開閉するタイミングをエンジン性能をフルに発揮させるものにすることが大切である。同時に，吸排気バルブが同時に開いているオーバーラップをどのくらいにするかも，エンジンのチューニングの度合いとの関連で，ベストマッチングを選定する必要がある。カム開度を大きくとった場合，バルブの開き始めるタイミングの設定は，ピストンの上下動するスピードやその変化率との関連を無視することができない。ピストンスピードは当然のことながら一定ではなく，上死点と下死点では一瞬ゼロになり，ここから加速されていく。時々刻々変化しているのである。
　まず，ピストンスピードがどのように変化するか考えてみよう。
　常識的にいえば，ピストンが最高速に達するのはストロークの中間地点付近になる。しかし，正確には中心点（クランク角90°）になっていない。コンロッドの長さが短いか長いかでも異なる。ピストンそのものは上下動しているが，コンロッドが

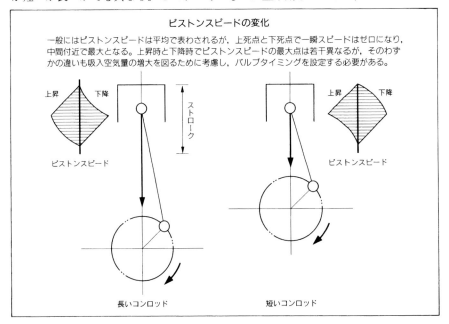

ピストンスピードの変化

　一般にはピストンスピードは平均で表わされるが，上死点と下死点で一瞬スピードはゼロになり，中間付近で最大となる。上昇時と下降時でピストンスピードの最大点は若干異なるが，そのわずかの違いも吸入空気量の増大を図るために考慮し，バルブタイミングを設定する必要がある。

上昇　下降
ストローク
ピストンスピード

上昇　下降
ピストンスピード

長いコンロッド　　　　　短いコンロッド

揺動しているためだ。NAエンジンでは，ピストンが下降することによる負圧で吸入するので，ピストンスピードの変化と吸入空気量の増大の仕方とは密接な関係がある。だから，ピストンスピードの変化の仕方に合わせたバルブ開閉タイミングにすれば，吸入空気量を効率よくふやすことができるわけだ。

　同じボアとストロークで，コンロッドの長さが異なる場合を考えてみると，吸入行程でピストンが下降する場合，ピストンの最大スピードまでの加速の具合は両者とも同じだが，長いコンロッドの場合は，スピードが鈍くなる度合いが小さいのに対して，短いコンロッドはスピードが遅くなるまでの時間が短い傾向がある。また，最大スピードに達するまでは，長いコンロッドのほうがピストンはゆっくり下がってくる。短いほうがピストンは急激に下がるわけで，これは吸入行程だけでなく膨張行程でも同じである。そのため，短いコンロッドのほうが揺動角が大きくなるので，その分ピストンスラストが大きくなり，フリクションロスが大きくなる。排気行程はこの逆になる。

　これをクランクシャフトの角度で見てみると，クランク角180°でピストンは上死点から下死点に達することになり，90°で下降時間の半分がすぎたことになるが，ピス

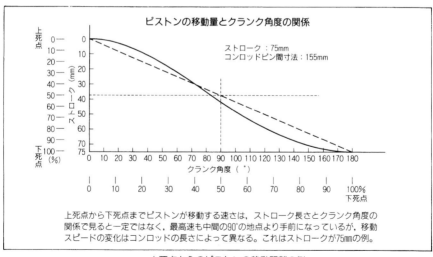

ピストンの移動量とクランク角度の関係

ストローク：75mm
コンロッドピン間寸法：155mm

上死点から下死点までピストンが移動する速さは，ストローク長さとクランク角度の関係で見ると一定ではなく，最高速も中間の90°の地点より手前になっているが，移動スピードの変化はコンロッドの長さによって異なる。これはストロークが75mmの例。

上死点からのピストンの移動距離の例

クランク角度	0°	10°	20°	30°	40°	50°	60°	70°	80°	90°	100°	110°	120°	130°	140°	150°	160°	170°	180°
上死点からの移動距離(mm)	0	0.7	2.8	6.2	10.7	16.1	22.2	28.7	35.5	42.1	48.5	54.4	59.7	64.3	68.1	71.1	73.3	74.6	75.0
ピストン移動距離(mm)		0.7	2.1	3.4	4.5	5.4	6.1	6.5	6.8	6.6	6.4	5.9	5.3	4.6	3.8	3.0	2.2	1.3	0.4

トンはこの時点ですでに半分以上下降している。このときにはピストンスピードは最高速をすぎており，ピストンはストロークの55～58％くらいの位置に達している。およそ80～84°くらいのところがピストンがストロークのまん中あたりで，これをわずかにすぎたところが最高スピード点である。

　ところで，バルブリフトが最大になるタイミングはどうするのか。吸入する混合気の慣性力を利用して慣性過給をできるだけ大きくする必要がある。ということは，大ざっぱないい方をすれば，空気の流れの遅れを考慮してピストンがストロークの70％あたりにきているところを最大リフト量に合わせるのが効率がよい。バルブタイミングを選定する場合は，この基準を105°にする。そこを基点にして，変化率のいちばんいいタイミングを探す必要がある。そのためには前後に2～3°ごとにカムのタイミングを振ってエンジン性能(トルク)の出方をとる。それをくり返すなかでベストのところを見付け出す。

　次頁の図の例では，264°のカムでエキゾースト側のカムはそのままにして，吸気カムのタイミングを遅くして105°にする。さらに2～3°吸気カムをずらしてトルクの変化がどうなるか，エンジン回転ごと(最初は500rpmごと)に特性を見る。99°，102°，103°と早めた場合，あるいは110°と遅くした場合など，チューニングの狙いとの関係でカム開度をずらす。

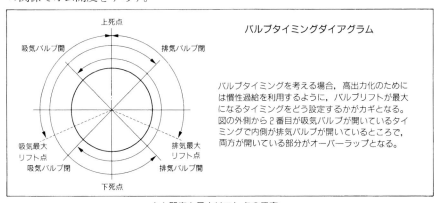

バルブタイミングダイアグラム

バルブタイミングを考える場合，高出力化のためには慣性過給を利用するように，バルブリフトが最大になるタイミングをどう設定するかがカギとなる。図の外側から2番目が吸気バルブが開いているタイミングで内側が排気バルブが開いているところで，両方が開いている部分がオーバーラップとなる。

カム開度と最大リフト点の目安

	独立スロットルバルブ				連通スロットルバルブ	
カム開度	248°	272°	288°	300～320°	248°	272°
吸気最大リフト点	104°	104°	100～104°	100～104°	108～110°	112°
排気最大リフト点	108°	106～108°	104～108°	100～108°	108～110°	112°

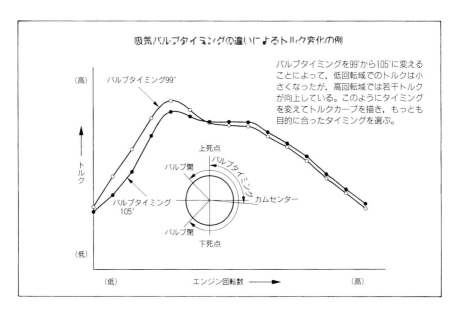

吸気バルブタイミングの違いによるトルク変化の例

バルブタイミングを99°から105°に変える
ことによって，低回転域でのトルクは小
さくなったが，高回転域では若干トルク
が向上している。このようにタイミング
を変えてトルクカーブを描き，もっとも
目的に合ったタイミングを選ぶ。

（高）
バルブタイミング99°

トルク

バルブタイミング
105°

（低）

上死点
バルブ開
バルブタイミング
カムセンター
バルブ閉
下死点

（低）　　エンジン回転数　　（高）

　この場合，早めると低速トルクが出る傾向となり，遅くするにつれて高回転型となる。圧縮比が高いエンジンの場合は遅めに設定してテストする。この場合は吸気バルブが閉じるタイミングが遅くなるわけだ。低速ではピストン上昇とともに，せっかく入った空気が押し出されて力が出なくなる。一方，吸入行程では高回転でまわした場合には，ピストンが上昇し続けても慣性で空気が入り続けているので吸入空気量がふえ，トルクが出る。

　吸気カムの開度のタイミングを変えた状態で描かれたトルクカーブをもとに，チューニングの狙いにもっとも合ったタイミングを選び出す。経験のあるチューナーなら，ある程度の予測はできるが，バルブタイミングの選定は，実際にテストしてデータをとる以外にない。アナログのデータでフィッシュフックカーブを描き，最適値を見付ける。少なくとも3～4回以上開度のタイミングを変え，トルクの出方がピーク点をすぎたところまでデータをとって頂上地点を見付け出す。

　以上は，吸気カム側であるが，それが決まれば次に排気カムのタイミングを探る。排気のタイミングのほうが吸気に比較して性能変化は小さい。全体にトルクが出るか出ないかどちらかの傾向になる。バルブタイミングを変えてもあまりトルクが出ないようなら，カムプロフィールそのものを見直すことが必要になる。そのほうがトルク変化はずっと大きくなる。

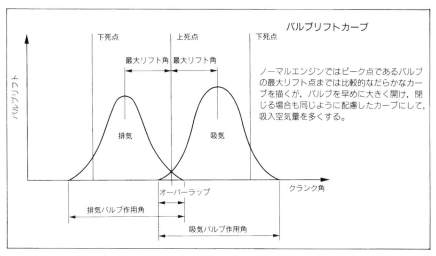

バルブリフトカーブ

下死点　　　上死点　　　下死点

最大リフト角　最大リフト角

ノーマルエンジンではピーク点であるバルブの最大リフト点までは比較的なだらかなカーブを描くが，バルブを早めに大きく開け，閉じる場合も同じように配慮したカーブにして，吸入空気量を多くする。

バルブリフト

排気　　　　吸気

オーバーラップ

クランク角

排気バルブ作用角

吸気バルブ作用角

　一般に高回転化するには，バルブのオーバーラップが大きいほうがいいと思われているが，それにも限度がある。4バルブエンジンではオーバーラップはせいぜい40〜60°くらいで，どちらかといえばあまり大きくないほうがいいと私は思っている。オーバーラップが大きくなると，インナーEGRが入って吸入を邪魔することになるからだ。オーバーラップを小さくしてトルクアップを狙うほうが戦闘力のあるエンジンになるはずである。

　バルブタイミングは，インテーク形式によっても大きく変わってくる。スロットルバルブが各気筒ごとにある独立タイプと，サージタンク手前にある連通タイプでは，シリンダーへ入る空気の流れがかなり変わる。レース仕様では独立タイプが圧倒的に多くなるが，これは当然開度の大きいカムを使用することができる。一方，

バルブタイミングのセット風景

ダイヤルゲージを使用して，バルブタイミングを正確にセットし，ベンチでテストしてトルクの出方を計測する。

チューニング用カムプーリ

カムシャフトを外さずにスライドプーリーによってタイミングを変更できるもの。

チューニング用カムスプロケット

ノックピンの位置をずらすことによってタイミングを変化させるスプロケット。

連通タイプの場合は，開度の大きいカムを使用すると，隣接するマニホールドから排気が吹き返してくるので性能が極端に落ちてしまう。逆にこのタイプでは開度の小さいカムを使用すれば低中速でのトルクが大きくふくらむ。アイドリング回転でも安定し，実用的なエンジンになる。

　目安としては，独立タイプでは吸気側が上死点後100～104°，排気側が上死点前100～104°くらい，連通タイプでは吸気側が118～120°，排気側が120～124°くらいといったところであろう。

　バルブタイミングを選定するためには，バーニアタイプのカムプーリーを使用するとよい。プーリーとカムの間にスチールプレートがあって，カムとはこれでボルト締めされて結ばれる。一方，スプロケットはスチールプレートの外側からのボルトで留められているが，この留める位置をずらすことでバルブタイミングを変えることが可能だ。スプロケットにはクランク角度の目盛りがあるので，ベンチテストの場合エンジンを台上に載せたままでタイミングを簡単に変えることができる。

7. 各システムのチューニング

　これまではエンジン本体を中心に見てきたが，ここでは吸排気系をはじめとして，潤滑系，冷却系，燃料供給系，点火系などのシステムについて考えてみたい。いずれも，これまで検討してきたエンジン性能をフルに発揮させるためにおろそかにできないものである。実際にはチューニングというより，性能向上のためのマッチングを図ることが主眼となる。

［吸気系のチューニング］

　吸気系としてここで取り上げるのは，インテークマニホールド，スロットルバルブ，エアホーン，サージタンク，エアクリーナーで，これらについては吸気ポートと一緒に考えるべきものである。さらにフォーミュラやツーリングカー用にはインダクションボックスが装着されたり，F3のようにエアリストリクターで空気取り入れ口が制限されたレギュレーションになっている場合について考えてみたい。

①インテークマニホールド

　ノーマルエンジンのマニホールドは，スロットルバルブが各シリンダーに吸入空気を分配する前，つまりサージタンク入口部に取り付けられた連通タイプ（シングル

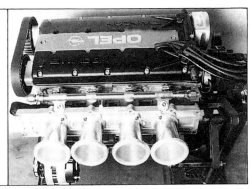

吸気系のセット

レース用エンジンでは吸気系のうちエアホーン部は外部から見える場合が多く，その長さがエンジン最高許容回転の目安のひとつになる。長い場合は低中速トルク重視型，短い場合は高速域に合わせている。

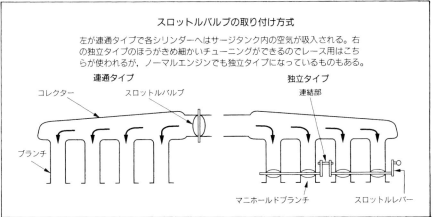

スロットルバルブの取り付け方式

左が連通タイプで各シリンダーへはサージタンク内の空気が吸入される。右の独立タイプのほうがきめ細かいチューニングができるのでレース用はこちらが使われるが，ノーマルエンジンでも独立タイプになっているものもある。

連通タイプ
コレクター
スロットルバルブ
ブランチ

独立タイプ
連結部
マニホールドブランチ
スロットルレバー

バルブ)が一般的である。これに対し，高性能エンジンなどでは独立タイプを採用した吸気系が見られるようになっている。もちろん，レース用にマニホールドを新設する場合は，吸入空気量のメータリングが正確でレスポンスのよい独立型，つまり各シリンダーごとにスロットルバルブを備えた独立タイプのマニホールドにする。

　低中速を重視した連通タイプは，各シリンダーへの空気の流入を厳密にコントロールすることができない。スロットルバルブからマニホールドへは距離がある上にRが付けられているので抵抗が大きくなる傾向がある。そこで登場したのが独立タイプで，ノーマルエンジンでこれを採用しているものの中には，レースチューンを意識したものもある。

　独立タイプは中高速型エンジンに採用されるが，このほうが吸気系の自由度が大きく，マニホールドの取りまわしも楽である。管路抵抗も小さくすることができ，

175

吸気系のマッチングのための
アダプター取り付け状態

マニホールドの長さを変えることでトルクの出方を
テストするために，長短のアダプターでテストする。

吸気ポートや排気系とのマッチングがとりやすい。F3用エンジンでは吸排気系はレ
ギュレーション上自由になっているので，マニホールドは独立タイプに改造するの
がふつうだ。

　チューニングするにあたって重要なのは，ポート径とのつながりでマニホールド
の長さと太さを見直すことだ。ポートと同じようにマニホールドの径が太くなると
高速タイプ，細くなると低速タイプ，長さに関しても同じように短いと高速タイプ，
長いと低速タイプとなる。太くて短くすると超高速タイプになるものの，低中速ト
ルクがまったく出ないで失敗する例が多い。太くなると空気の流速が遅くなり，短
いと慣性過給のマッチングのポイントが高速側へ移動する。

　マニホールドの中を流れる空気の平均スピードはおよそ80〜100m/sあたりでもっ
ともパワーが出るといわれており，これ以上にすると抵抗が大きくなる。ちなみに
ノーマルエンジンではポート研磨や段差修正がきちっとされていないので，流速が
速いと抵抗になり，50〜60m/sくらいのスピードである。

　細ければ流速が速くなり，それだけ燃料の霧化が促進される。大ざっぱな目安と
しては，ポートのスロート部の断面積（4バルブだからその2倍となる）と同じくら

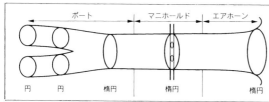

楕円形状の吸気系

一般にエアホーン部やスロットルバルブは
円形となっているが，ポートの分岐点まで
すべて楕円形状にすることによって，吸入
空気をスムーズに流すことができる。

いか，わずかに大き目にする。太ければいいというわけではない。パワーをどのく
らい出すかで決められるが，これもテストをくり返し，データをとって調整するし
かない。

　4バルブエンジンでは吸入ポートは2本に分岐して流入するが，この分岐点で吸
気通路を大きく変化させないために，マニホールドや分岐前のポートを楕円形状に
している例がふえている。もちろん，エアホーン部やスロットルバルブも楕円形状
である。

　マニホールドは，新設する場合はアルミ合金かマグネ合金製となるが，形状が複
雑になるので板金でつくるわけにはいかず鋳造する。そのため鋳型などをつくるコ
ストがかかるので，チューニングする場合はノーマルのマニホールドを削ったり肉
盛りしたりする。空気が通るだけで力がかからない部分なので，マグネ合金にして
も問題はない。しかし，重量は2/3になるが，コストは倍以上かかるので，プライ
ベートチームではそこまでするのは稀である。

②エアホーン

　レース用エンジンで独立タイプのインテークマニホールドの場合は，吸入空気は
エアホーンから取り入れる。これはF1やF3000を見れば分かるように先端が広がっ
たテーパー状になっている。空気はRを付けて広げられたベルマウスの部分から吸

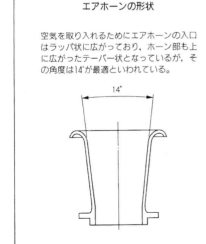

エアホーンの形状

空気を取り入れるためにエアホーンの入口
はラッパ状に広がっており，ホーン部も上
に広がったテーパー状となっているが，そ
の角度は14°が最適といわれている。

14°

入されるが，エアホーンのテーパー角度は14°程度がいい。これ以上大きくしてもパワーは上げられないし，隣接するエアホーンと干渉してしまう。ホーンの先のRは極力大きくして，たくさんの空気を取り入れるようにする。その形状から，エアホーントランペットとかエアファンネルともいわれる。

　インテークマニホールドとつながっているエアホーンは，Oリングを入れて留められており，振動を抑えるためにゴムの上に浮かせた状態になっている。

　その長さはマニホールドとのマッチングで決められるが，短いと高速タイプとなる。エアホーン部はカウルを外すと外から見えるので，それが長く突き出しているエンジンは中低速トルクタイプ，ごく短いものは高回転タイプであることが分かる。マッチングをとる場合は，ポート形状，次にマニホールド，そしてエアホーンの長さの順で進める。エアホーンの長さを変更するのは比較的簡単である。

　エンジンの振動は外側に行くほど大きくなり，エアホーンが重いと共振でボルトが折れたりする可能性があるので軽いほうがいい。多くはアルミでつくられており，ジュラルミンなど固いものを削り出してつくる。コスト高をいとわなければ，より軽量にできるカーボンコンポジットを用いて楕円形状のものを簡単に作ることができる。

③サージタンク

　ターボエンジンの場合は，空気を溜めるチャンバーであるサージタンクの形状の良否が性能に与える影響が大きいが，ここでは連通タイプのNAエンジンについて見ることにする。

　サージタンク容量が大きいほうが高速で伸びる。脈動の影響を小さくすることができるからだ。しかし，市販車ではボンネット内のスペースの関係で大きくするこ

スライド方式のスロットルバルブ
左が全閉状態で右がハーフスロットル状態，スライド方式では全開になると管内に邪魔ものがなくなるのでレースエンジンに多用される。

バタフライ方式のスロットルバルブ
右が全開状態で左が全閉。全開になっても管内の中央にバタフライのシャフト部
分が残るので吸入空気の抵抗になる。しかし、ノーマル車はほとんどこのタイプ。

とがむずかしい。それでも、サージタンクの上部を切断してアルミの板金でつなぐ
ことで容量を大きくすることが可能で、大きくすることによって脈動による吹き返
しも減る。実際にはターボエンジンほどの効果はないから、ここまでの改造はあま
りしないといってよい。

④スロットルバルブ

　吸入抵抗を減少させるためにスロットルバルブのところを大きくする方法もある。
ノーマルでΦ55〜60mmのものをΦ65mmにするなど、アダプターごと交換してサイズア
ップを図る。これで空気は余分に入るようになるが、アクセル開度がそれ以前と同
じでも空気流量が変化するので、ドライバーがコントロールしづらくなる可能性が
ある。とくにパワーバンドの狭いエンジンの場合は微妙なコントロールができない
ので乗りづらくなる。しかし、全開出力向上が最優先される場合は有効である。

⑤スロットルバルブ形式について

　ノーマルエンジンのスロットルバルブはバタフライタイプがふつうである。この
タイプでは全開時にスロットルボディ内にシャフト部分が残り、それが吸入抵抗に
なる。そのためレース用ではスライドバルブが主流となっている。しかし、パーシ
ャル領域における吸入空気の流れがバタフライタイプのほうがよいという理由で、

縦置きタイプのバタフライの流試風景

Ｆ1用300Ｅエンジンの縦置きタイプのスロットルバ
ルブでの空気流量をフロースタンドで計測した結果、
全閉や全開時では差がなかったが、パーシャル領域
で吸入空気量が増大した。

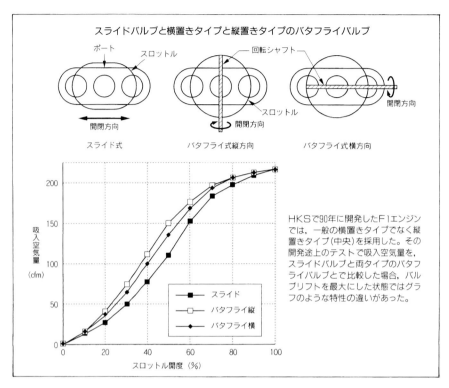

スライドバルブと横置きタイプと縦置きタイプのバタフライバルブ

ポート　スロットル　　　回転シャフト

開閉方向　　　　　　　スロットル　　　　　開閉方向

スライド式　　　　バタフライ式縦方向　　　バタフライ式横方向

吸入空気量
（cfm）

■ スライド
□ バタフライ縦
◆ バタフライ横

スロットル開度（％）

HKSで90年に開発したF1エンジン
では，一般の横置きタイプでなく縦
置きタイプ（中央）を採用した。その
開発途上のテストで吸入空気量を，
スライドバルブと両タイプのバタ
フライバルブとで比較した場合，バル
ブリフトを最大にした状態ではグラ
フのような特性の違いがあった。

　ホンダF1エンジンが，それまでのスライド方式から変えたことで，レース用でもバ
タフライタイプがよいのではないかという考えが広がってきた。しかし，寒冷地な
ど特別な条件下ではとにかく，日本のレース用ではスライド方式のほうがよいとい
うのが私の考えだ。レスポンスに差があまり生じないはずで，基本的には全開時に
吸入管の中に何も残らないスライドバルブ方式のほうがレース用ではメリットが大
きいはずだ。しかし，ターボエンジンでは，スライドバルブでは圧力がかかり空気
が間からもれるので，バタフライバルブを使用する。

　もちろん，バルブ方式をさらに改良する努力を続ける必要がある。そのひとつの
方法として，かつて3.5ℓV12のF1用300Eエンジンを試作した際には，バタフライ
タイプであったが，シャフトの取り付けが一般的なエンジンの横方向ではなく縦方
向に付けて，開閉の仕方が90°異なるタイプにしている。このほうが若干吸入空気量
がふえたが，その理由を解明するまでにはいたっていない。

　また，イギリスのレースに出場しているオペルでは楕円のスロットルバルブを使

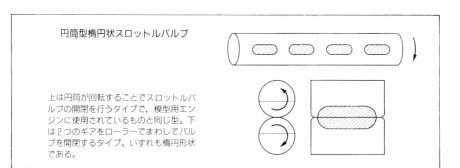

円筒型楕円状スロットルバルブ

上は円筒が回転することでスロットルバルブの開閉を行うタイプで、模型用エンジンに使用されているものと同じ型。下は2つのギアをローラーでまわしてバルブを開閉するタイプ。いずれも楕円形状である。

用している。これは中央が分割されて，まん中から開くタイプで，ギアをローラーでまわしてスライドバルブが中央部から開くので，パーシャル領域での乱れを生じる恐れもなく，全開時にも抵抗となるものがなくなる。ただし，ローラージョイントなどを用いるので機構が複雑になる。また，円筒状の回転する楕円のスロットルバルブもある。

⑥エアクリーナー

　かつてはレース用の場合は，吸入抵抗を減らすためにノーマルのエアクリーナーを外すのが当然と考えられていたが，サーキット走行では砂や小石などが入り込んで，シリンダー内に傷をつくる可能性が大きい。入り込んだ砂や小石がバルブシー

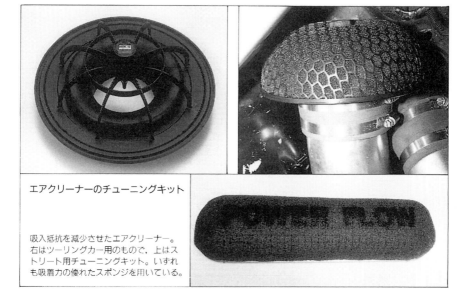

エアクリーナーのチューニングキット

吸入抵抗を減少させたエアクリーナー。右はツーリングカー用のもので，上はストリート用チューニングキット。いずれも吸着力の優れたスポンジを用いている。

トにかみ込んだりして，圧縮もれを起こすことがある。ターボエンジンの場合はタービンホイールを破損させる恐れがある。また，タイヤのゴムかすも案外と入ってくるものだ。そのために，パワーダウンを最小限度に抑えて，スポンジなどのメッシュを使用したエアクリーナーを装着する必要がある。

とくに砂漠地帯を走るラリーのようなイベントでは，エンジンにホコリや砂の侵入を防ぐために2ステージの吸気エレメントを使用するなど工夫されている。第一次は湿式スポンジのクリーナーで容量の大きいタイプを使用，第二次は細かい目のスポンジのクリーナーを使用，吸入抵抗は避けられないものの長い距離を走るラリーではトラブルを防ぐことを最優先する。

一方，レース用では吸入抵抗をできるだけ小さくするために目が粗くて薄いスポンジのエレメントを使用，細かい砂やホコリなどをスポンジに吸着させてエンジンを保護する。このエレメントは集塵能力に優れていると同時に，抵抗の小さいものになっており，ロス馬力は600psのエンジンでせいぜい10〜15psにおさまっている。

ノーマルエンジンの場合でも，エアクリーナーの抵抗は大きいから，高性能タイプのエンジンではスポンジのエレメントのものに替えるだけで10〜15psのパワーアップが図られる。生産車の場合は，吸気音を抑えることもあって乾式濾紙タイプが一般的である。スポンジのエレメントは，細かい砂やホコリをスポンジの粗い目に

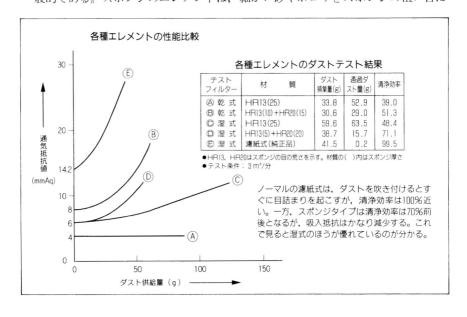

各種エレメントの性能比較

各種エレメントのダストテスト結果

テスト フィルター	材　　質	ダスト 捕集量(g)	通過ダ スト量(g)	清浄効率
Ⓐ 乾 式	HR13(25)	33.8	52.9	39.0
Ⓑ 乾 式	HR13(10)+HR20(15)	30.6	29.0	51.3
Ⓒ 湿 式	HR13(25)	59.6	63.5	48.4
Ⓓ 湿 式	HR13(5)+HR20(20)	38.7	15.7	71.1
Ⓔ 湿 式	濾紙式（純正品）	41.5	0.2	99.5

●HR13、HR20はスポンジの目の荒さを示す。材質の（）内はスポンジ厚さ
●テスト条件：3m³/分

ノーマルの濾紙式は，ダストを吹き付けるとすぐに目詰まりを起こすが，清浄効率は100%近い。一方，スポンジタイプは清浄効率は70%前後となるが，吸入抵抗はかなり減少する。これで見ると湿式のほうが優れているのが分かる。

とらえて吸着するので，吸入抵抗は4000〜5000kmくらいの走行距離まででではそう大きくは落ちない。

　F3などのフォーミュラカーでは，エアクリーナーはインダクションボックスの内部に付けられるのがふつうだ。

⑦インダクションボックス

　かつてのフォーミュラカーやスポーツカーでは，マシンの上部の高い位置にインダクションボックスが取り付けられ，車速による動圧(ラム圧)を生じせさることで，たとえば200km/hで1％ほど空気量がふえることでパワーアップが図られた。現在では，こうした方法は制限されているが，吸入空気の取り入れ方はエンジン性能にとって重要であることに変わりはない。

　F3では吸入口にあるオリフィスの径が決められており，吸入空気量が制限されている。F3の場合はΦ24mmときわめて小さくなっているから，最大出力が制限され，低速トルク型となる。この場合，サージタンク容量が小さいと，マニホールドに流れる空気が負圧になり，それが抵抗となってアクセルを踏み込んでも時間的な遅れが出る。

　サージタンク容量が，F3の場合，2ℓとすれば2回転でちょうど吸入するだけの

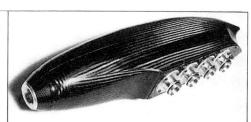

F3用エンジンのインダクションボックス

F3では空気取り入れ口の径が規則によって絞られているので，このようにサージタンクをかねたインダクションボックスは大きくなっている。車体のエアロダイナミクスを考慮したものになっていなくてはならない。

F3エンジン用のインダクションボックスとエアクリーナー

レギュレーションによってエア吸入口の径は24mm以下に制限されており，インダクションボックス内にテーパー状のエアホーンが収納されていて，その先にインダクションボックス後端近くまで円筒状の湿式スポンジタイプのエアクリーナーが装着されている。

エアクリーナー

空気

24mm

量となる。したがって，容量が大きければ吸入口から取り入れる空気量が制限されても，サージタンク内は大気圧と同じくらいの圧力となっているので，マニホールドへの空気の流れに遅れがない。したがって，ボディサイドに取り付けられたサージタンク(コレクタータンク)は大きいほうがいい。しかし，マシン全体で考えた場合，タイヤ幅を超えてサイドに突き出るわけにはいかず，前面投影面積を大きくすると空気抵抗がふえ，リアのウイングに当たる空気の流れを乱すと，ダウンフォースをうまく獲得できなくなる。こうしたエンジンサイドだけでない制約のなかで，サージタンクをどこまで大きくできるかである。

〔排気系のチューニング〕

　吸入空気をふやすためには，排気をスムーズに出すことが重要である。ノーマルエンジンの場合は，それだけでなく消音効果を上げ，触媒を使って排気ガスを定められた基準内におさめることも重要になる。ノーマルエンジンでは，使いやすさが優先されて，低速及び低負荷時でのレスポンスを重視したエキゾースト系になっている。エキゾーストマニホールドの太さもわりと細くなっており，メインマフラーの背圧を抑える構造など，市街地の走り方に合わせたセッティングになっている。マニホールドが太めになると，アクセルをあまり踏み込まない状態での走行燃費が悪くなり，低速領域でのトルク感がなくなる。さらに，騒音規制を踏まえてマフラーも抵抗が大きく，パワーは犠牲となる。

　ノーマルエンジンはコスト的な問題もあり，吸排気系はエンジン本体に比較すると，性能向上を考える上では重要であるにもかかわらず，細かい詰めがなされていない。量産効果を上げるために，同一エンジンが異なる車両に積まれることもあって，排気系のスペースをとるのが苦しくなり，性能に見合った長さをとることがで

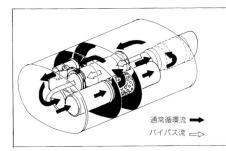

デュアルモードマフラー

２つのマフラーを組み合わせて，低回転時には両方のマフラーを通すことで消音効果を上げ，高速時にはひとつのマフラーだけを通すことで排気抵抗を減少させるようになっている。

通常循環流 ▶
バイパス流 ⇨

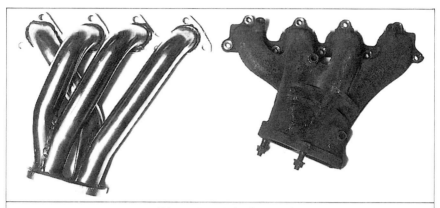

排気マニホールド(右がノーマル)
左がチューニングされたステンレス製のものだが，4本を長くすることと等
長になっていることで排気干渉が起こらず，トルクの向上が図られている。

きない場合がある。しかし，抵抗をふやさずに消音効果を上げるために吸音材を使
用したり，低速と高速で切り替えられるマフラーも出現している。

①エキゾーストマニホールド

　実用車に多い鋳物タイプのマニホールドは，集合部までの長さが等長ではなく，
曲げRも小さくなって抵抗が大きくなっている。これをいわゆるタコ足タイプに変
えると効果は大きい。最近の高性能エンジンではタコ足タイプの等長に近いものに
なっているものの，つくり勝手を優先しているので，性能向上を図るためには見直
す必要がある。断面積変化を極力小さくし，スムーズに集合するように配慮する。
ノーマルの直列4気筒で4→2タイプに集合する部分のRが急に小さくなる傾向な
ので，このRを大きくし，パイプの太さも1サイズアップする。

　直列6気筒では6→2→1という集合の仕方になる。直6の場合は点火の間隔が
等しいものどうしをまとめることができるので，排気干渉が少なく，マッチングを
うまくとることが大切である。V型6気筒の場合は，各バンクごとに集合すること
になるが，両バンクのマニホールドの集合長さを合わせることが重要である。

　直4（V8も同じこと）ではエキゾーストマニホールドの影響が大きい。4-2-1
タイプより4-1タイプのほうが高回転型であるが，低速トルクが出なくなるので，
よほどうまくセッティングしないと戦闘力のないものとなる。

　吸気系と同じように太くすると高速タイプとなるが，レスポンスやトルクの太さ
を考えると，高出力タイプにするにしても，ある程度太くした場合は長くしないと

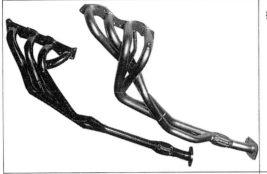

排気マニホールド及びフロントパイプ
（下がノーマル）

直列4気筒エンジンで集合は4-2-1タイプとなっており，曲がりの部分のRを大きくし，集合部を斜めにして排気抵抗の減少を図っている。

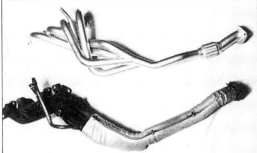

排気マニホールドの集合の仕方

両方とも4-2-1タイプであるが，集合部までの長さや曲げ方，太さなどエンジンへの適合によって異なったものになっている。

排気マニホールド長さの違いによるトルク変化

吸気マニホールドと同じように排気マニホールドもその長さを変えることによってトルクの出方が変化する。これは長さが280mmと350mmとの比較データだが，このグラフでも短いほうが高速回転域でトルクが大きくなっているのが分かる。

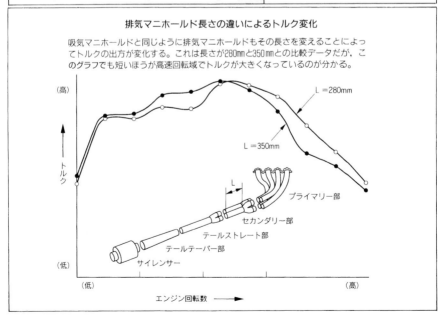

（高）

トルク

（低）

L=280mm

L=350mm

プライマリー部
セカンダリー部
テールストレート部
テールテーパー部
サイレンサー

（低）　　　エンジン回転数　　　（高）

チューニングマフラーの中間パイプ
及び膨張管部

中間パイプはノーマルより太くなっており，
膨張管部は特定周波数の音を減衰させている。

ノーマルマフラーの膨張管部

内部には吸音材であるステンレスウールやグラ
スウールが埋め込まれて消音効果を高めている。

低中速トルクの落ち込みをカバーすることができない。しかし，こうするとツーリ
ングカーの場合はボンネット内にうまくおさめることがむずかしくなる。性能を出
すためには，太さや長さを変えてテストしなくてはならないが，太さはともかく長
さは，さし込み用パーツをつくってその場で変えられるようにしてテストする。吸
気マニホールドやポートと同じように高出力を狙うからといって，太くするばかり
が能ではない。

　性能に与える影響は大きく，太さや長さを変えたことでトルクの出方がどのよう
に変化するか，テストを何度もくり返すことになるが，変化する度合いが大きく，
データも複雑になるので，しっかりとテストしてマッチングをとらなくてはならな
い。その上で，走行テストで最終仕様を決める。

⑦メインマフラー
　集合部ではマニホールド部より太い径のパイプとなるが，あまり急激に太くする
のはよくなく，わずかずつテーパーを付けて広げていく。この部分もレース用とス
トリート用では，断面積変化の仕方が微妙に違ってくる。ノーマルエンジンの場合
は，ボンネット内にある足まわり関係のパーツと干渉しないように，マフラーの一
部が円形ではなく，断面形状が変化して，排気の流れの抵抗となっているマフラー

187

も見受けられる。コストやマフラーの共通化を優先するためだが，この場合はレイアウトを変えて断面形状の変化をなくしたものにする。

また，膨張管の中にはステンレスウールやグラスウールなどの吸音素材を入れて

エキゾーストマフラーのセンター部
（下がノーマル）
内部の消音効果を上げるとともに排気抵抗を
小さくしており，マフラーのリアエンドはノー
マルに比較してかなり太くなっている。

メインマフラーの消音部と排気管
（上がノーマル）
サイレンサーの容量の拡大及びパイプ径
の太さがチューニング用の特徴である。

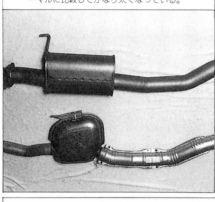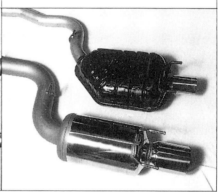

ステンレス製ハニカムの断面形状

モノリス型触媒の中のセルの形状は平板と波板で
構成されているが，ロウ付けの状況がよく分かる。

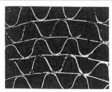

触媒のチューニングキット
ハニカム状のセルを荒くして，さらに断面積を大きくして排気抵抗を減らし，全長を長くすること
で触媒性能を維持するとともに，白金・ロジウムなどの割合を多くして効果を上げている。

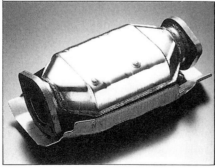

F3マシンのエキゾーストマニホールド

空力的な追求が行われるフォーミュラカーで
は排気系のレイアウトは，ツーリングカーほ
どではないが自由度は大きくない。等長にし
てサイドにふくらまないように配慮される。

積極的に利用し，内部の構造をシンプルなものにして，消音効果を落とさず抵抗を
小さくする（ストレートマフラー）。同時にマフラー内部の管のとりまわし部分には
Rを付けて通りをよくする。メインマフラーの容量を大きくしたほうが，抵抗を小
さくするだけでなく消音上も効果が大きい。しかし，こうすると効果が大きいがコ
ストがかかることになる。

③その他の注意点

コストをかけないことを前提にした場合は，排気系の軽量化は考えない。レース
用エンジンでは，耐久性と軽量化のためにマニホールドはインコネル材を使用，パ
イプの肉厚も0.6〜0.8mmという薄いものを用いるがコストが高くなる。マフラーを
チタンにするのも同様だ。しかし，レース用を含めてテスト用にチューニングする
場合はスチールのパイプを用いる。

ツーリングカーのチューニングでは，排気系の場合は太さや長さを変えてもボン
ネット内にうまくレイアウトできることが重要で，必要に応じてモデルをつくって
とりまわしについて検討する。いくら性能がよくなっても，クルマとして成立しな
いものであっては何もならないからだ。

〔潤滑系のチューニング〕

エンジンのチューニングによって高出力化されると，潤滑系への負担もふえる。
エンジンオイルは焼き付きを防ぐだけでなく冷却作用もあるから，オイル温度も高
くなりやすい。こうした負担に耐えるために油圧を上げてオイル供給量をふやす対
策がとられる。とくにレース用エンジンでは，コンロッドメタルの焼き付きのトラ

オイルクーラーのチューニングキット

ノーマルエンジンではオイルクーラーが付いていないものが多いが、出力を上げればそれだけ熱的に厳しくなるからオイルを冷却する必要がある。

ブルの危険が増すから、メタルへオイルを多めに供給する必要があると考えがちである。場合によってはそうした対策も必要となるかもしれないが、油圧を上げることはフリクションロスをふやすことであるから、まずはノーマルの油圧でトラブルが起きないようにすることが先である。

①オイルクーラーの設定

　油圧を上げないで潤滑系のトラブルをなくすためには、油温を95℃以下に保つようにする。そのためにはオイルクーラーを設置する必要がある。レース用の場合、オイルは粘度の低い、いわゆるシャブシャブオイルを使用する。特殊合成された油膜が薄くなっても切れない高級オイルを使用すればかなりカバーできるので、これを使うことが望ましい。油温が上がってもオイルのせん断強度が高いオイルもあるが、それに頼るだけでなく、大型のオイルクーラーを設置して、油温管理をしっかりすることが大切である。

　NAエンジンの場合、エンジン回転をどこまで上げるか、少なくとも6000rpm以下が中心であれば、オイルクーラーまでは必要ないであろう。

②オイル通路の改良

　メタルの焼き付きなどのトラブルが発生する可能性がある場合は、メインギャラリーからメインジャーナル、さらにはクランクピンへのオイル通路のあり方などを検討し直す。

　クランクシャフトが回転する遠心力を利用して、オイルがクランクメタルに供給されるようになっていないと、油圧を上げる必要が出てくる。無理やり押し込まなくても、オイルがスムーズに流れていくようになっていれば、油圧を上げなくても

クランクメタルへのオイル供給通路

メインギャラリーからのオイルはメインジャーナルに開けられた通路からクランクピンへと供給されるが，その通路の開け方はいろいろなやり方がある。図では，右側のX型にした⑩が遠心力を利用してスムーズにオイルが流れるのでベスト。左側の④のやり方ではクランクピンとメタルの間に油膜が切れる恐れがある。大ざっぱないい方だが，図の右へいくにしたがってよくなるといっていい。

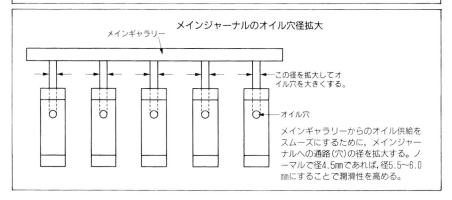

Ⓐ Ⓑ Ⓒ Ⓓ

メインジャーナルのオイル穴径拡大

メインギャラリー

この径を拡大してオイル穴を大きくする。

オイル穴

メインギャラリーからのオイル供給をスムーズにするために，メインジャーナルへの通路（穴）の径を拡大する。ノーマルで径4.5mmであれば，径5.5〜6.0mmにすることで潤滑性を高める。

問題は起こらないはずだ。そのためには，クランクシャフトに対して左右対称な通路にするなどバランスをとること，コンロッドの下端部の回転軌跡を考えて，メタルクリアランスが微妙に変わることによるメタルへの負担を考慮した対策を施すこと，高回転時にオイル供給量が遠心力によって異なるような通路にしないことなど，

オイル通路の面取り
（オイルフィルターブラケット）

オイルの流れをスムーズにして，油圧を上げなくてもうまく潤滑することが重要。そのためにオイル通路の入口などはできるだけ面取りをする。

さらにはメタルへの負担を低減するためのコンロッドやピストンの軽量化など，根本に戻って検討する必要がある。

　また，シリンダーブロックやヘッドの項でも述べたようにオイルが出やすいようにすることも大切である。穴の出口を大きくしたり面取りをし，流れやすくすることだ。オイルポンプのダイキャストでできた通路の凹凸をなくし，隅Rを付けるなどしてオイルの流れの抵抗をなくす。ここまで徹底すれば，油圧はノーマルで充分だし，場合によってはそれより下げることさえ可能になる。

③ウェットサンプの場合の改良

　ノーマルエンジンの場合は，ほとんどオイルパンをもつウェットサンプ方式であるが，チューニングしたことによってコーナーや加速時のGが大きくなり，オイルの片寄りが問題となる。ここで重要なのは，オイルのサクション部とオイルの回収である。

　オイルの片寄りによって，ノーマルのオイルパンのオイル吸い口のままではエアを吸い込んで，オイル供給がスムーズにいかない可能性がある。フィルター部を手

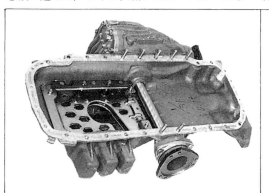

オイルパンのバッフルプレート

3重構造のバッフルプレートにして，オイルの回収をスムーズにするとともに，オイルの片寄りによる油圧低下を起こさないように配慮されている。

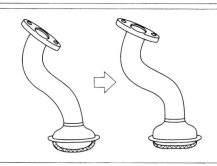

オイルストレーナーの改良

オイル内のゴミを吸わないようにストレーナーの先端には金網が取り付けられているが，円弧となっていると底のほうのオイルまで吸うことができない。そこでこの部分をフラットに近くすることでオイルの供給をスムーズにすることができる。

直しし，極力オイルパンの下のほうからオイルを吸うように改造する。

　次に，オイルをスムーズに回収するためにバッフルプレートの位置が問題となる。というのは，ブロック内のオイルをオイルパンに回収するためには，コンロッド下端部やカウンターウエイトの回転を利用するからだ。これらの回転軌跡がどうなっているか，つまり，バッフルプレートとコンロッド大端部やカウンターウエイトの回転軌跡とのクリアランスが，できるだけ小さいことが大切だ。7000rpm以上の高回転になるにつれて，これらの回転部分は相当なスピードとなり，その勢いでオイルをかきまわす。その回転によって，オイル回収のために切られたスリットを通してオイルはオイルパンに落とされる。クリアランスが大きいとオイルを飛散させてフリクションロスを大きくし，オイルがうまく回収できない。

　バッフルプレートの位置及びその剛性が大切である。チューニングしたために，油量をふやすという方法もあるが，オイルパンに貯える部分の容積を増大することになって油面が上昇するので，フリクションロスが大きくならないように対処する必要がある。

④ドライサンプ式への改造

　レース用エンジンで多く見られるドライサンプ式に改造することによるメリットは大きい。オイルをスカベンジポンプで吸って回収し，オイルタンクを別に設けるために潤滑系が複雑になるが，高出力化するためには必要な改造である。

　メリットとして考えられるのは，オイルの撹拌抵抗が少なくなる，ブロック内を負圧にすることによるポンピングロスの減少，オイルパンにオイルを貯める部分が

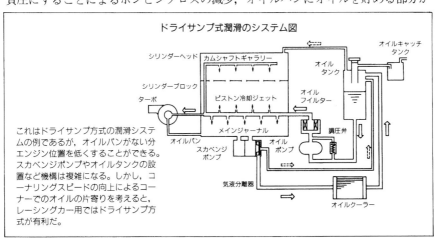

ドライサンプ式潤滑のシステム図

これはドライサンプ方式の潤滑システムの例であるが，オイルパンがない分エンジン位置を低くすることができる。スカベンジポンプやオイルタンクの設置など機構は複雑になる。しかし，コーナリングスピードの向上によるコーナーでのオイルの片寄りを考えると，レーシングカー用ではドライサンプ方式が有利だ。

ドライサンプに改良したエンジン

下方向から見たもので，オイルパンがなくオイルを回収するためのサクション部がよく分かる。

ないのでエンジン位置が下がって，マシンの搭載上有利になるなどがある。

　ドライサンプ式は，ウェットサンプ式よりオイル回収が積極的な手段である。高回転タイプの場合は，スカベンジポンプで積極的に吸い込むので，フリクションロスが大幅に減少する。シリンダーヘッドやシリンダーブロック内の各部を潤滑したオイルは，運動部品の動きで振り飛ばされた状態にあるが，これが下へ落ちて溜まるのを待たずにエアと一緒にスカベンジポンプでどんどん吸い出す。これによってコンロッド大端部やカウンターウエイトによるオイルの撹拌で起こるフリクションロスが減る。さらに，シリンダー内に入り込んできたブローバイガスも一緒に吸い

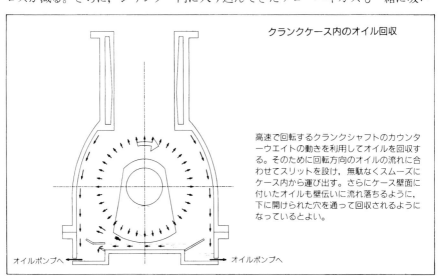

クランクケース内のオイル回収

高速で回転するクランクシャフトのカウンターウエイトの動きを利用してオイルを回収する。そのために回転方向のオイルの流れに合わせてスリットを設け，無駄なくスムーズにケース内から運び出す。さらにケース壁面に付いたオイルも壁伝いに流れ落ちるように，下に開けられた穴を通って回収されるようになっているとよい。

オイルポンプへ　　　　　　　　　　　オイルポンプへ

込む。クランクケース内にブローバイガスがふえてくると圧力が高くなり，ピストンの上下動によるポンピングロスが大きくなる。これは高回転化されるにつれて大きくなるものなので，ブロック内を負圧にすることで減少させる効果はきわめて大きい。ドライサンプにしたら，ポンピングロスの減少を積極的に考えないと意味がない。クランクケース内の負圧は最高出力時には－100mmHgくらいになるようにブリーザーケース内のオリフィスで調整する。

フォーミュラカーなどレース専用につくられたマシンでは，加減速Gやコーナリ

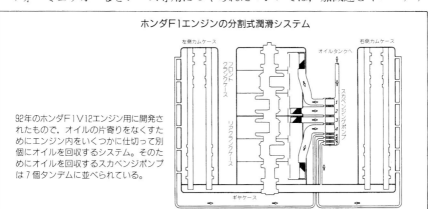

ホンダF1エンジンの分割式潤滑システム

92年のホンダF1 V12エンジン用に開発されたもので，オイルの片寄りをなくすためにエンジン内をいくつかに仕切って別個にオイルを回収するシステム。そのためにオイルを回収するスカベンジポンプは7個タンデムに並べられている。

ドライサンプ用オイルポンプの駆動

ドライサンプに改良するとそのために必要なポンプを駆動することになり，新たに設けられる。左下のプーリーがオイルポンプ用のもの。

ングの横Gが大きくなるので，オイルは1ヵ所ではなくいくつかに分割して迅速に
回収するタイプにする必要がある。スカベンジポンプも小さいものをタンデムに並
べて狭い領域で吸うほうが，エアを吸って効率がダウンするのを防ぎ，回収する時
間も短縮される。

　オイル回収のために，ウェットサンプ式と同じようにカウンターウエイトやコン
ロッド大端部の回転を利用するが，その回転に合わせて効率のよいオイル穴の位置
や開け方，オイル回収のための分割の仕方を工夫する必要がある。クランクケース
内で，コンロッドの大端部やカウンターウエイトの回転による遠心力で，オイルが
どのように流れ，シリンダーブロックの壁へのオイルの伝わり方が前後左右でどの
ように違うかなどを考えて対応する。

［冷却系のチューニング］

　シリンダーブロックやヘッドなどを含めまったく新しいエンジンを開発する場合
は別だが，ノーマルエンジンをベースにチューニングする場合は，エンジン本体の
冷却系に関する積極的な対策というのはあまりない。チューニングして出力が上が
ったことに対する手当てをするのが基本である。これから述べるウォーターポンプ
の改良やラジエターの容量アップなどが中心で，あとはオーバーヒートなど問題が
起こったら対処する。もちろん，冷却に関するアクティブな対応について考えるこ
とも必要である。というのは，冷却性能に限界があれば，出力の上限はそれによっ
て制約されることになるからだ。

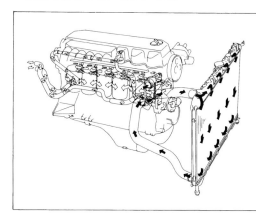

エンジンの冷却システム

ノーマルエンジンでは冷却水が暖まってい
ないときはサーモスタットの働きで，ラジ
エターまでいかないでエンジンに戻る仕組
みになっている。冷却水はまずシリンダー
ブロックに入り，そこからシリンダーヘッ
ドに上がり，熱を奪ってラジエターで冷や
される。

①水温を80〜85℃に保つ（オーバーヒート対策）

　基本的には水温を80〜85℃に保つ。しかし，アルミシリンダーの剛性のあまりないエンジン，とくにバイク用などでは70〜75℃と低い水温に保つほうが性能にいい影響を与える。アルミの膨張係数が大きいので，温度が上がることで伸びや歪みが生じて真円や真直度に対する影響が出る。

　そのエンジンにとって，ベストの性能を発揮する水温がどのくらいであるか，比較データをとって確認しておくとよい。

　水温は季節による影響を大きく受ける。とくに夏場は水温も上昇気味となるので，オーバーヒートを防ぐために，あらかじめ90〜95℃あたりに水温を設定してエンジンをまわし，オーバーヒート症状が現われるかどうかチェックする。外気温による水温の上昇はかなり大きいからだ。

②ウォーターポンプ系の改良

　ノーマルエンジンに付けられているウォーターポンプ用のフィン（羽根）は板金でできたシンプルなものである。発熱量があまり大きくならないエンジンではこれで充分であるが，水を確実にキャッチしてまわすには無理がある。これを削り出しのうず巻き状のフィンに変更する。フィンを変更すると高回転でまわしてもキャビテーションが起こらず，効率のよいものとなる。同時にウォーターポンプ側のプーリーをひとまわり大きいものにしてポンプの回転数を落とす。ノーマルで減速比が1：1.3であれば1：1.1くらいにする。この変更により無駄な仕事量が減り，キャビテーションの発生も抑えられる。

　次にサクションホースの硬度と曲がりを見直す。ラジエターとつながるホースに

ノーマルの場合は，写真右のように板金製の羽根が付けられているが，これを冷却水をうまく送付するように渦巻き型のものに変えると，ポンプ性能は大幅に向上する。

ウォーターポンプの改良

ポンプの収められた表側の写真

剛性がないと，ウォーターポンプの吸い込み力で負圧となった部分がへコンで，流れを阻害する。こうなると循環量が減少してオーバーヒートを起こす。新しいタイプの市販エンジンではホースは固く肉厚のあるものになっているが，かつての市販エンジンのホースはあまりよくないものが使われている。また，ウォーターポンプの圧損を小さくするために，レース用ではサーモスタットを取り除く。こうすることで余分な管路抵抗を減らすことができるが，水の流れ方がそれまでと異なるので注意を要することがあるのは前に述べたとおりである。

③ラジエターの容量アップ

出力向上に見合ったラジエター容量を確保することは必至である。発生する熱量を計算し，水温を80〜85℃に保つためにどのくらいの容量にするかを算出する。この場合，風が当たるラジエターの前面面積を確保することが大切であるが，面積を大きくとれない場合は厚さでカバーする。導風板を付け，ラジエターに当たった空気が逃げないようにすると同時に，後方の流れに対しても充分に配慮する。スムーズに抜けないと冷却効率が落ちる。また，ターボエンジンの場合のように，ラジエターのフロント側にインタークーラーを取り付ける場合は，ラジエターとインター

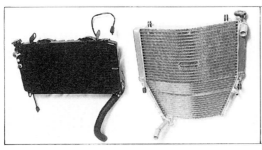

モーターサイクル用ラジエター
（左がノーマル仕様）

高出力化すると熱容量が大きくなるので，ラジエターの容量を大きくする必要がある。しかし，限られたスペースの中におさめるためには表面積をいたずらに大きくすることはできない。形状と冷却性能を考えて決めなくてはならない。

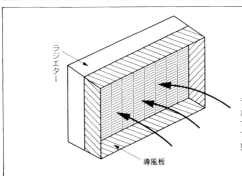

ラジエターへの導風板の取り付け

ラジエター

導風板

ラジエターの前面面積を確保することは重要だが，コア部に風量が多く当たることが第一で，そのために前方の風をとらえて，左右上下に逃げないように導風板を取り付けると効果がある。

クーラーが重ならないようにし，冷却効果を充分にチェックしないとオーバーヒートする。

ラジエターには，上から下へ流れるダウンフロータイプと，横方向の流れとなるクロスフロータイプとがあるが，上下のスペースを有効に使うには，横長にすることで前面面積を稼ぐことができるから，クロスフロータイプのほうが有利である。また，フォーミュラカーなどでは左右に2分割する場合が多いが，配管などで重量がふえるから，分割することが得策かどうか検討してから採用したほうがいい。

④水の循環流量を多くする

ご存じのように冷却に関してはシリンダーヘッド側が80%，ブロック側が20%ほどの割合で冷やすべきである。しかし，実際にはノーマルエンジンではブロック側が30～40%になっているため，チューニングした場合はヘッド側の循環流量をふや

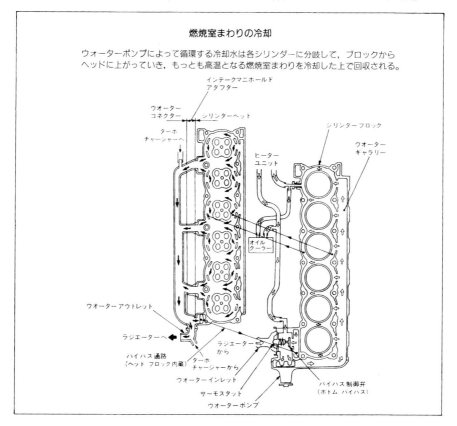

燃焼室まわりの冷却

ウォーターポンプによって循環する冷却水は各シリンダーに分岐して，ブロックからヘッドに上がっていき，もっとも高温となる燃焼室まわりを冷却した上で回収される。

す。メクラ栓を利用し，バイパスしてヘッドへ水を流すようにして，ヘッド側の流速を上げるが，そのためにポンプの回転などは上げないようにする。

　冷却水の流れは，横流れと縦流れとがあり，横流れにしたほうが各シリンダーごとに均一に冷却水が流れるので好ましいが，チューニングする場合は，水の流し方を変更することができないのが泣きどころである。

⑤ラジエターファン

　現在のFF用エンジンは横置きタイプが多く，ラジエター用の冷却ファンはすべて電動のオートマチックになっていて，必要なとき以外にはまわらなくなるので無駄が少ない。ストリート用チューンの場合，アイドリング時のことを考えて電動ファンを取り付けたままにしておいたほうがいいが，容量をアップする必要はない。やるとすればファンの周囲をおおって，ラジエターになるべく冷たい風がいくようにする。もちろん，レース用では電動ファンは取り去り，ラジエターの通過風がスムーズに流れるようにする。

⑥冷却損失を少なくする

　冷却をしないで熱の一部をそのまま逃がしてしまおうという発想でチューニングする考えもある。

　シリンダーヘッドで燃焼室を除けば，もっとも温度の上がるのは排気ポートの壁面である。とくにポート上面は高温の排ガスが直接当たる。そのために，排気ポートのなるべく近くに冷却水通路を設けて冷やすことが必要となる。そこで，排気ポートに3～5mm厚のセラミックをインサートして熱を遮断し，そのまま排気管へ逃がす。セラミックをシリンダーヘッドに鋳込みすることで熱伝達を防げば冷却水温度もあまり上がらない。とくにターボエンジンでは熱がそのままターボに伝わるので効率がよい。熱をマフラーから外へ逃がすことになるので，ラジエターも容量を

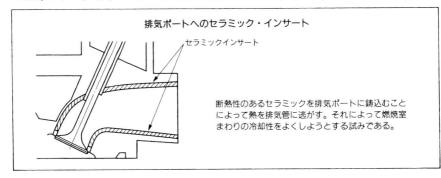

排気ポートへのセラミック・インサート

セラミックインサート

断熱性のあるセラミックを排気ポートに鋳込むことによって熱を排気管に逃がす。それによって燃焼室まわりの冷却性をよくしようとする試みである。

あまり大きくしないですむというメリットもある。冷却に関する積極的な方法として考える価値のあることだ。

　リーンバーンエンジンなどでは，燃焼室まわりの温度は上がっていくので，冷却はこれまで以上に重要になってくるであろう。

〔燃料系のチューニング〕

　大切なことは，全作動領域において，いかに要求する燃料を適切に供給することができるかである。出力性能と燃費性能を両立させるためには，きめ細かい制御がなされなくてはならないから，点火時期と一緒に電子制御されているが，チューニングされたエンジンではそれに合ったコントロールの仕様にしないと，所期の性能を発揮することができない。ここで，重要になってくるのがA/F（空燃比）を合わせることで，そのためのコンピューター制御をどうするかである。燃焼を速めるために霧化の促進を図ることも必要だ。

(1)A/Fのマッチング

　空気と燃料の比を正確に合わせるためには，吸入される空気量を計測して，それに合わせて一定の燃料を供給する。そのために現在の燃料噴射装置では，空気重量を測るホットワイヤー式やカルマン渦式センサー，空気容量を測るフラップタイプ，

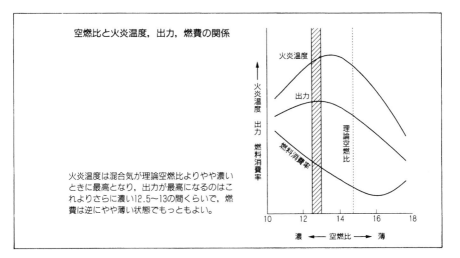

空燃比と火炎温度，出力，燃費の関係

火炎温度
出力
燃料消費率

火炎温度
出力
燃料消費率
理論空燃比

火炎温度は混合気が理論空燃比よりやや濃いときに最高となり，出力が最高になるのはこれよりさらに濃い12.5〜13の間くらいで，燃費は逆にやや薄い状態でもっともよい。

10　　12　　14　　16　　18

濃 ◀── 空燃比 ──▶ 薄

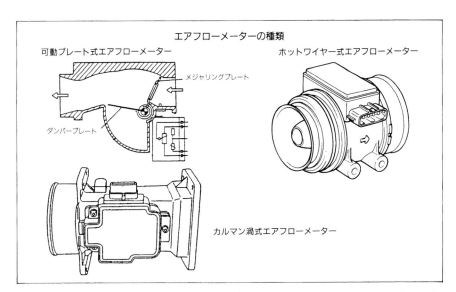

エアフローメーターの種類

可動プレート式エアフローメーター

メジャリングプレート

ダンパープレート

ホットワイヤー式エアフローメーター

カルマン渦式エアフローメーター

　吸入負圧を測る負圧センサータイプなどがある。これらのエアフローセンサーのなかでは，コストが安く，バイパスフローした部分で計測して全量を計算するタイプで，エアフローセンサーによる吸入抵抗が小さいホットワイヤータイプが一般的であり，排気ガス対策もやりやすいようである。いずれにしても，エアフローセンサーで検出した信号をもとに燃料流量が決められる。

　このとき，ホットワイヤー式やカルマン渦式では，空気重量を測るので，燃料も重量で計算すればいいので制御しやすい。空気容量を測るタイプでは空気の温度差によって質量が異なるので，温度センサーで補正をしなくては，空燃比を合わせるのがむずかしい。そのために排ガス規制の厳しい地域では生産車にあまり使われなくなっている。吸入負圧タイプでは，抵抗がないのでレース用には向いているが，吸気マニホールドの圧力の検出に経年変化などがある。このタイプは一部の高性能車に採用されている。

　チューニングされたエンジンに限らずあらゆるエンジンでは，空燃比をまず全開性能に合わせて，もっとも出力が出る12.5：1から13：1の範囲にする。レース用ではパーシャル領域でもっとも出力が出る混合比にするが，ストリート用では排ガス対策上，理論混合比（14.7）にするのがふつうである。

　コンピューターがO_2センサーでフィードバックをかけて制御するタイプでは理論混合比でないと，濃い空燃比になって三元触媒がうまく働かないことになる。もち

オリジナル フルコンピューターボックス	
オリジナル サブコンピューターボックス これまではマップを変える場合は、いわゆるフルコンピューターを改良することで、点火時期や燃料噴射時期などを制御していたが、サブコンピューターの登場によって、ノーマルのものをいじることなく、コンピューターの指令をチューニングに合わせてできるようになった。	

ろん、走行に支障をきたすまで薄くするわけにはいかないから、時速100㎞とか50㎞で走るときに必要なトルクや出力を計算し、それに基づいて最適の空燃比を求める。次に加速領域の空燃比を求める。これは急加速と緩加速と両方ある。急加速時に息付きをしないようにし、緩加速のときにはレース用エンジンの場合は全開領域とのつなぎ方を考慮することが必要である。

このようにROM（記憶メモリー）をチューニングしたエンジン用に書き替えられていたが、こうした書き替えが簡単にできなくなってきている。そこで登場したのがサブコンピューターである。

ノーマルのコンピューターに入っているデータがマスクされている場合は、新たに異なる集積回路の基盤をつくって対処することになるが、これでは細かいセットがむずかしい。これに対してサブコンピューターシステムでは、ノーマルのコンピューターのデータは一切いじることなく、このコンピューターからの信号を直接に燃料系や点火系につなぐのではなく、新たにセットしたサブコンピューターに伝え

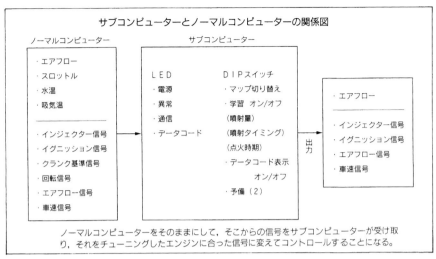

サブコンピューターとノーマルコンピューターの関係図

ノーマルコンピューター

・エアフロー
・スロットル
・水温
・吸気温

・インジェクター信号
・イグニッション信号
・クランク基準信号
・回転信号
・エアフロー信号
・車速信号

サブコンピューター

LED
・電源
・異常
・通信
・データコード

DIPスイッチ
・マップ切り替え
・学習 オン/オフ
(噴射量)
(噴射タイミング)
(点火時期)
・データコード表示
オン/オフ
・予備(2)

出力

・エアフロー

・インジェクター信号
・イグニッション信号
・エアフロー信号
・車速信号

ノーマルコンピューターをそのままにして，そこからの信号をサブコンピューターが受け取り，それをチューニングしたエンジンに合った信号に変えてコントロールすることになる。

るようにする。そこから，それぞれにマッチングした信号に置き換えて指令を送るシステムである。

　コンピューターはソレノイドを動かしているのだから，その信号をもとに条件を変えるのが，サブコンピューターの仕事である。したがって，空燃比や燃料の噴射時期や点火時期などチューニングされたエンジンにマッチングした指令がいくことになる。たとえば，インジェクターのノズルを替えた場合，穴径を大きくすると，そのままでは燃料が濃くなってしまう。その場合は，少なくする信号を出すことになる。ノーマルエンジンで燃料カットなどがされている場合はコンピューターからの指令がこなくなるが，その場合はあらかじめサブコンピューターからの指令でエンジンが働くようにセットされていれば，燃料カットされることはなくなる。

（2）霧化の促進

　空燃比が決まったら燃焼室内で素早く燃えるように，良好な混合気を送り込めるようにする。そのためには，インジェクターの位置や噴射ノズルの形状などをどうするかが問題になる。

　ターボエンジンの場合は，絶対流量がノーマルの2倍以上にもなることがあるので，それをカバーするためにノズルの噴射流量をアップさせる。燃料ポンプの容量のアップやインジェクターの燃圧の上昇を一緒に行う。ノズルは定常時において2.5kg/㎟を基準にして，目標出力に合わせて噴射量の違うノズルを選択する。しかし，

各種のインジェクター

下の写真はそれぞれインジェクターのノズルの噴霧口が左から2，3，4ホールのもの。霧化とレスポンスの向上を図り，バルブの傘部に確実に噴射するようにしている。2・4ホールは4バルブ用で，3ホールは5バルブ用インジェクター。

容量が大きすぎると霧化が悪くなるので，もう一段小さいインジェクターで燃圧を上げて試す。これで霧化がよくなればOKだ。いい燃え方をすればノッキングを防ぐことができる。これはハイドロカーボンの多さをみることで，燃焼状態を判断することができる。

　まず，インジェクターの噴射位置をどこにするかによって，エアとの混ざり具合

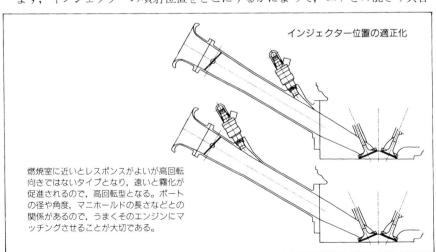

インジェクター位置の適正化

燃焼室に近いとレスポンスがよいが高回転向きではないタイプとなり，遠いと霧化が促進されるので，高回転型となる。ポートの径や角度，マニホールドの長さなどとの関係があるので，うまくそのエンジンにマッチングさせることが大切である。

いが異なるために，チューニングの度合いによって見直す必要がある。たとえば，F3エンジンなどのように加速やレスポンスを重視した場合は，吸気ポートや吸気バルブの近くにあったほうがいい。燃料が燃焼室にいくまでの距離があまり長くないほうがいいからだ。しかし，最高出力を重視する場合は，逆に燃焼室から遠い位置にあったほうがいい。空気と混ざる時間がそれだけ長くなるから霧化がよくなる。どちらを優先するかでインジェクターの位置が決められるが，レース用では，どちらの性能も大切になるので，インジェクターの位置を比較的近いところと遠いところと2ヵ所にしてカバーすることもある。しかし，F3では2インジェクターはレギュレーションで禁止されるので，インジェクターの位置をどこにするかは大切になる。

　また，4バルブエンジンに対応した2ホールインジェクターもある。これは分岐される吸気ポート手前のノズルのふたつの穴から，燃料が開かれたバルブを目掛けて効率よく噴く。レスポンスを優先する場合はこの2ホールインジェクターは効果的だ。さらに燃圧を上げて噴くと霧化も促進されるし，噴射する角度も性能に関係する。さらに3ホールや4ホールなどのタイプもある。

燃料噴射系のチューニングキット　インジェクターからの燃料を適切な量に調節するためのレギュレーターをはじめ，チューニングされたエンジンにマッチした燃料系統に交換する。

　NAエンジンでは噴射のタイミングが重要だ。これは噴射終わりで制御するもので，高回転になると，早く噴かないとついていけなくなる。ノズルの位置との関係もあり，噴き始めをいつにするかはテストして決めることになる。ターボエンジンの場合も噴射のタイミングを変化させてノッキングの防止を図ってマッチングをとる場合もある。

　これまでの話はすべてマルチインジェクションであることを前提にしている。実用エンジンでは，シングルポイントのインジェクションもあるが，きめ細かい空燃比の制御がむずかしく，チューニングするにはふさわしくない。

［点火時期及び点火系］

　かつては，高出力化のためには点火系のチューニングが重視されたが，いまではエンジンはかなり改良されており，とくに新しいシステムに変えるなど積極的な手法をとらなくても問題はない。機械式の点火装置はもはや少数派となり，点火時期制御は電子制御されるのがふつうで，これを支える点火システムは，チューニングされたエンジンでも特別なことをしなくても問題ないレベルのものになっている。燃焼のよくないエンジンや高過給のターボエンジンには高エネルギー点火装置は大いに効果がある。大切なのは，最適な点火時期を見付けることである。ここでは，MBTについてと点火プラグについて見ることにする。

(1)MBT

　MBTとはMinimum Advance for the Best Torqueの頭文字をとったもので，もっともトルクが出るときの最良の点火時期のことである。圧縮比の適正化や燃焼室まわりの冷却システムの改善などでMBTを使うようにすることを第一に考えるべきである。点火時期は回転を上げていけば早くすることになり，吸入空気量が少なくなればやはり早める。

　こうしたタイミングをエンジン回転数と空燃比などから最適な時期を設定して，その指令によってコンピューターで制御する。そのためのマップをつくるのもチューニング作業として忘れてはならないことである。この場合も，空燃比やエンジン回転を一定にセットして，点火時期を変えて，トルクがどのように変化するかテストする。ノッキングを起こすところまで点火時期を早めてはならない。実際に使用

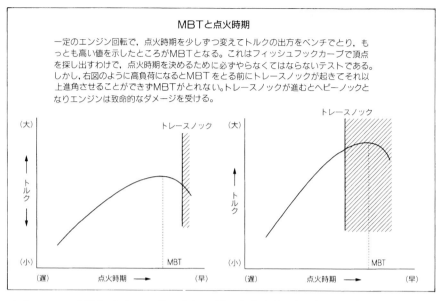

MBTと点火時期

一定のエンジン回転で，点火時期を少しずつ変えてトルクの出方をベンチでとり，もっとも高い値を示したところがMBTとなる。これはフィッシュフックカーブで頂点を探し出すわけで，点火時期を決めるために必ずやらなくてはならないテストである。しかし，右図のように高負荷になるとMBTをとる前にトレースノックが起きてそれ以上進角させることができずMBTがとれない。トレースノックが進むとヘビーノックとなりエンジンは致命的なダメージを受ける。

するエンジン回転にわたってテストしてデータをとり，それをマップとしてROMに書き込む。こうすることで，チューニングされたエンジンの性能を予定どおり発揮することができる。

　なかにはうまくMBTがとれない場合もある。たとえば8500rpmでシャシーダイナモでデータをとってみても，トルクが上昇していく過程でノッキングを起こしてピーク点がとれない。この場合は，チューニングのやり方が適正でないことになる。圧縮比が高すぎるとか冷却がよくないとか，過給圧が高すぎるとかの問題をかかえているから，その点の見直しをしなくてはならない。

　したがって，MBTを見付けることは，エンジンのマッチングを図ると同時にエンジンのチューニングの成果を確かめる作業でもある。たとえば，一般に適正な点火時期が20〜30°ほどであるのにパーシャル領域でのMBTが上死点前45°だったとしたら，燃焼室の形状が悪くて燃える速度が遅いということが考えられる。早く点火しなくてはならないのは，有効に燃焼の圧力を発生していることになっていないのだ。

　性能を上げるためには点火時期を早めたほうがいいが，そうするとノッキングが起こりやすくなるが，その直前がもっともおいしいところになるわけだ。しかし，ノーマルエンジンではノッキングが絶対発生しないように安全性を重視し，比較的遅らせる方向で点火させるセッティングになっている傾向がある。

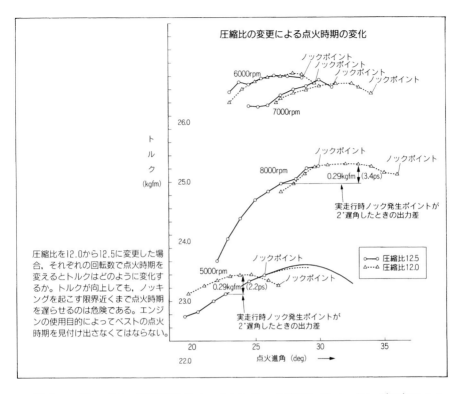

圧縮比の変更による点火時期の変化

圧縮比を12.0から12.5に変更した場合，それぞれの回転数で点火時期を変えるとトルクはどのように変化するか。トルクが向上しても，ノッキングを起こす限界近くまで点火時期を遅らせるのは危険である。エンジンの使用目的によってベストの点火時期を見付け出さなくてはならない。

量産エンジンでは，低速領域でノックセンサーを使用してノッキングが起こると点火時期を遅らせるようにノックコントロールをしているが，高速では安全のためにノックコントロールはしないので，点火時期を早めるだけでトルクが上がることがある。

いわゆるPmax，平均有効圧力を最大限に高めるためには，上死点後12°近辺で燃え終わっているのがよいことがこれまでの多くのテストで確かめられている。クランク角で見た熱発生時間は，回転が上がってもあまり変わらないが，点火から熱発生までの絶対時間はほぼ一定のため，高回転になればなるほど，クランク角で見ると燃焼時間は長くなる。したがって，高回転になるにつれて点火時期を早くしなければならないが，F1エンジンのように15000rpm以上という超高回転では単に点火時期を早めるだけでなく，燃焼速度そのものを速くしないと効果がない。そのために，燃焼速度を上げるには限度があるから特殊ガソリンを使用したりしたのだ。

(2)点火系のチューニング

　ここでは主として点火プラグについて考えてみる。プラグにとって重要な選定基準は，熱価の選定，燃焼室とプラグ先端形状のバランス，加速性能の比較，くすぶりに対するタフネスさなどである。

　プラグの熱価は，エンジンの性能によって決められるが，出力を上げていけばプラグからの熱の逃がし方が重要になるから，熱伝導のいいコールドタイプにしないとプラグの先端部が溶けてしまう。つまり，発生熱量が多くなることに対応する必要がある。

　次にチューニングされたエンジンの燃焼室とのかね合いで，プラグの先端部の形状がピストンの頭部形状や圧縮比との関係でどれがいいか比較検討する。先端が燃焼室に突き出したタイプや奥に引っ込んでいるタイプ，さらには碍子が突き出していない沿面タイプなどがある。どのタイプがよいかは一概にはいえない。燃焼ガスの流れ方などで燃え方が違ってくる。これはスキッシュやタンブル流などの勢いや流れ方でも異なる。点火プラグの電極形状によって点火時期は 3 〜 4 °変化するので，充分に注意が必要である。

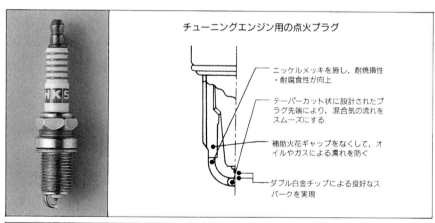

チューニングエンジン用の点火プラグ

ニッケルメッキを施し，耐焼損性・耐腐食性が向上

テーパーカット状に設計されたプラグ先端により，混合気の流れをスムーズにする

補助火花ギャップをなくして，オイルやガスによる濡れを防ぐ

ダブル白金チップによる良好なスパークを実現

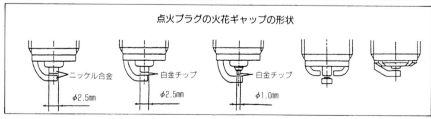

点火プラグの火花ギャップの形状

ニッケル合金　　φ2.5mm

白金チップ　　φ2.5mm

白金チップ　　φ1.0mm

　マッチングをとった後にプラグだけを換えたりするとノッキングが発生したり，パワーダウンしたりする恐れがある。もちろん，エンジンの回転数によっても異なるから，いくつかのプラグでMBTをとり，チューニングの目標に合った，エンジン回転数にマッチしていると思われるプラグを選定する。加速性能を重視した場合はどのタイプにするかも考慮する。同じように熱価の高いプラグにするとくすぶりが問題になりがちなので，そうした対応がなされているプラグに変える必要がある。これらは比較試験して決めるよりほかはない。

　中心電極がプラチナになった着火性のよいものがチューニングエンジン用に用意されている。加速性もよくなり耐久性もあるが，それだけ高価なものである。高回転タイプのエンジンでは，プラグの先端部への衝撃も大きいので，先端部の剛性の高いタイプを使用する。

　また，燃焼室を全面的に改良するために，プラグをノーマルでは14mmであるのに対して，10mmにすればバルブ開口面積などを大きくすることができる。そのためにはシリンダーヘッドをつくり直すという大作業になるが，レース用ではそこまですることもある。もちろん，レギュレーションによってヘッドの変更が認められていないカテゴリーでは不可能なことだ。

　レース用の点火装置としてCDIタイプがよいといわれているが，ノーマルのフルトランジスタータイプをとくに変更する必要はない。フルトランジスタータイプのほうが高回転までよく追随する。これで電流制御しているタイプであれば，それで充分だ。燃えにくい状況のエンジン，たとえばターボで高過給にしてなおかつ高回転までまわしているエンジンでは，ミスファイヤーしないような高エネルギーをもったものが必要になってくる。ロータリーエンジンでも同じことがいえる。白金を使ったプラグにしてCDIに変えることで出力の向上が見られる。

　ハイテンションコードについては，取り付け金具の部分の絶縁リーク対策及びノイズ対策用の抵抗値などがチェックポイントである。そのほかは，とくに問題が起こらなければ，今のところはチューニングの対象とはならない。

8. ターボエンジンのチューニング

　ターボチャージャーを装着したエンジンがでまわるようになったのは80年代に入ってからのことであるが，当初はまだDOHC 4バルブエンジンはほとんどなかった。ターボを装着することが即高性能であるというイメージが強く，そのためにブームとなったが，80年代の後半になるとNAの高性能エンジンが出てきたことで，ターボの在り方も次第に変化してきた。とくに近年では，ターボエンジンは新世代のものになってきており，いたずらに過給圧を上げることに目を向ける傾向ではない。というのは，ターボエンジンの泣き所であったターボラグの改善は，高出力化とはトレードオフの関係にあって，その改善のためにいろいろと工夫が凝らされたが，ベースエンジンの性能を向上させることが先であるという認識が，新世代ターボエンジンの出発点になっている。まずはこれらのターボエンジンの状況から見ていくことにしよう。

（1）新世代ターボの特徴
①ハイブロータービンローターの採用
　従来は，排気を受けて回転するタービン側のホイールと，その回転で圧縮された空気を吸い込むコンプレッサーのホイールは，同じ大きさであったが，最近は小さ

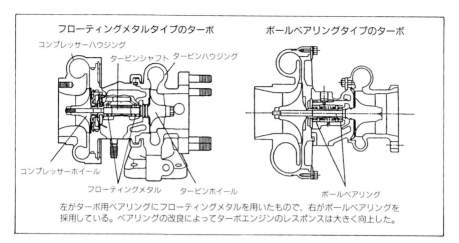

フローティングメタルタイプのターボ　　　　　　ボールベアリングタイプのターボ

コンプレッサーハウジング

タービンシャフト　タービンハウジング

コンプレッサーホイール

フローティングメタル　　　　タービンホイール

ボールベアリング

左がターボ用ベアリングにフローティングメタルを用いたもので，右がボールベアリングを採用している。ベアリングの改良によってターボエンジンのレスポンスは大きく向上した。

いタービンホイールに対して大きい容量のコンプレッサーホイールが採用されるようになっている。小さいホイールは慣性モーメントを小さくして，まだ回転が上がらない状態のときの排気ガスでもまわせるようにするためで，こうすることによって低速回転から高速回転までスムーズにまわすことが可能となる。

②レスポンスの改善

　従来からのターボのベアリングは，フローティングメタルだけであったが，レスポンスをよくするためにボールベアリングを採用するようになり，その効果だけでなく信頼性の向上というメリットも大きい。フローティングメタルであっても，ワンピースメタルからツーピースメタルとなっているが，停止状態から加速するときにスムーズにまわっていくようにベアリングの改善は絶えず行われてきた。

　ベアリングの改良でレスポンスがよくなり，タービンハウジングのA/Rを大きくできるために高回転時の伸びをよくするセッティングが可能となった。

③タービンホイールの形状改良

　従来はホイールの形状よりも，ホイールの材質をセラミックに変えるなどしてレスポンスの向上を図ってきたが，セラミックは熱には強いが，脆さやそれを克服するためのコストの問題などがあった。

　レース用となると，セラミックのホイールは小さい石をかんでも割れる恐れがあるので，ワークスチームのように管理体制が確固とした場合を別にすれば，予選などごく限られたケース以外には使用することがむずかしい。また，セラミックとタービンハウジングとは熱膨張率が大きく異なるので，ホイールとハウジング内壁と

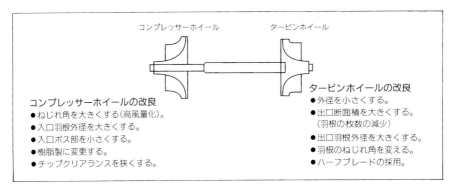

コンプレッサーホイール　　　　　　タービンホイール

コンプレッサーホイールの改良
- ●ねじれ角を大きくする(高風量化)。
- ●入口羽根外径を大きくする。
- ●入口ボス部を小さくする。
- ●樹脂製に変更する。
- ●チップクリアランスを狭くする。

タービンホイールの改良
- ●外径を小さくする。
- ●出口断面積を大きくする。
  （羽根の枚数の減少）
- ●出口羽根外径を大きくする。
- ●羽根のねじれ角を変える。
- ●ハーフブレードの採用。

　のクリアランスが大きくなり効率が落ちる場合もある。このクリアランスを小さく
するとホイールと当たり，ホイールが破損してしまう可能性がある。

　量産用インコネル製でも，ホイールの形状を見直すことでレスポンスを上げるこ
とは可能である。とくに排気の通路断面積を大幅に拡大するような形状にして，な
おかつ羽根の枚数を減らすことで排気をうまくブレードの中に溜め込み，回転を上
げるように工夫されている。かつてのホイールと比較してみると，その形状の違い
がよくわかる。羽根のねじれを大きく，高風量になっても抵抗にならないようにな
っている。

　また，ホイールの外径も小さくしてトリムを大きくして使用している。つまり，
ホイールの出口側の羽根の部分を大きくすることで排気を通りやすくしている。タ
ービンそのものを小さくしてもたくさんの排気を抵抗にならずに通すことができる
ので，大きいコンプレッサーをまわすことが可能になるわけだ。

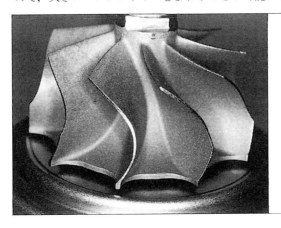

タービンホイール

ねじれ角を大きくとって，なおかつ水
かき部を設け，低風量時のタービン効
率を向上させている。またハーフブレ
ードを採用し，出口面積が大きくなっ
ている。

タービンの比較

左がスタンダードで右がハイブロータービン。両者ともこれらとコンバインドされたコン
プレッサーサイズの比較でも，右のハイブロータイプのほうが大きくなっているのが分かる。

タービンホイールの比較

右の旧タイプでは羽根の枚数は11枚でバックワード角も小さいものであ
るが，左のホイールは枚数は9枚でバックワード角も大きくなっている。

④コンプレッサーホイールの形状

　コンプレッサーのホイールは時代とともにバックワード角が大きくなってきてい
る。この角度が小さい場合は過給圧を上げないと効率がよくなかったが，次第に低
過給圧のターボエンジンが多くなってくるにつれて，高風量で高効率のホイールに
なっている。かつてはもっとも小さいものでは15°くらいからあったが20°くらいが多

コンプレッサーハウジングとホイール

新世代ターボはコンプレッサーのホイールが大きくなり，タービンのホイールが相対的に小さくなり，レスポンスの向上が図られている。

コンプレッサーホイールのバックワード角

バックワード角30°

バックワード角40°

ブレード（羽根）が回転方向と反対まわりにわん曲して付けられているが，そのねじれ角が大きくなると低過給ターボに適したものとなる。

かった。現在はバックワード角は30～40°くらいであるが，30°のホイールは高過給圧のガソリン及びディーゼルエンジン用で，40°のホイールはあまり過給圧を上げないガソリン用及び小型ディーゼル用である。バックワード角が大きくなると，過給圧を上げていくと抵抗になる。低過給圧で高風量を狙うために，ホイールの形状のよさがこれまで以上に重要になってきている。

　また，ニッサンのRBエンジンでは，セラミックのタービンホイールにボールベアリングを用い，さらにコンプレッサーのインペラーをアルミ製ではなく，樹脂を用いて慣性モーメントをさらに減らそうという試みをしている。インペラーの重量はアルミ製が61.5gから樹脂にすることで31.9gへと軽くなっている。

（2）ターボ本体のチューニング

　ベースエンジンの性能がよくなりターボをどう改良して活かしていくかという考えに基づきチューニングも進められる。いたずらに過給圧を上げてタイムラグを大きくしたり，ノッキングの危険を大きくすることは賢明ではない。

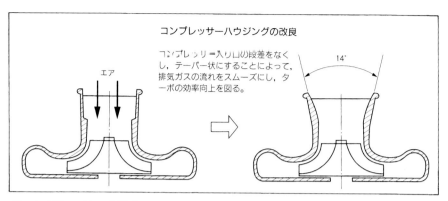

コンプレッサーハウジングの改良

コンプレッサー入り口の段差をなくし，テーパー状にすることによって，排気ガスの流れをスムーズにし，ターボの効率向上を図る。

14°

エア

①コンプレッサーの改良

　主としてハウジングとホイールの改良である。まずコンプレッサーのハウジングは空気を取り入れることが容易になるように，段差をなくし，NAエンジンの吸気系のところで述べたようにエアホーンまで14°のテーパーを付けた形状にする。さらに，ホイールの寸法はそのままであるが，吸入空気の通路面積をふやすために形状を改良する。具体的には中心部のシャフトを通す部分の肉厚を薄くして羽根をその分大きくする。同じようにホイールのベースの部分（出口部）の肉厚を薄くして羽根を拡大する。ノーマルでこの肉厚は1.2〜1.4mmあるが，これをその半分の0.6〜0.7mmくらいまで薄くする。こうすることで，レース用でも，規則に違反しないでホイールの性能向上が図れる。ホイールは簡単に製作できるものではないので，量産のものを時間をかけて改良する。その上でバランスをとり直す。

　また，コンプレッサーのスクロール内はぴかぴかに磨く。これはエクスツールドホーンという方法で行う。ガムのようにやわらかいものに砥粒のペーパーの粉を治具につけて，コンンプレッサーの通路に入れて圧力をかけて磨く。手が入らないからだ。これでハウジングの内壁の凹凸がなくなることで抵抗が大幅に減少する。また，高風量を目的とする場合には，コンプレッサーハウジングのA/Rを大きくする。

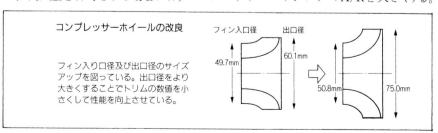

コンプレッサーホイールの改良

フィン入り口径及び出口径のサイズアップを図っている。出口径をより大きくすることでトリムの数値を小さくして性能を向上させている。

フィン入口径　出口径

49.7mm　60.1mm

50.8mm　75.0mm

②タービンの改良

　コンプレッサーの内壁を磨いたのと同じ方法でタービンのホイールを磨く。これは排気ガスが羽根に当たって通っていくときの抵抗をなくすためで，さらにハウジングの内壁も磨く。ここで大切なことは，排気ガスが入ってくる際に，マニホールドからタービン入り口に絞られる部分が，小さいRで大きく曲がり込んでいるために，エンジンからのガスは激しく通路の上方の壁に当たって抵抗になりやすい。この通路部分のRが大きくなるように改良する。

③排気バイパス出口部の見直し

　タービンブレードをまわした排ガスの通路とは別に，過給圧調整のために設けられたバイパス通路から排出されるガスを出やすくするために隅Rを付ける。大きな流れで勢いのいい川に支流の流れが合流する場合，直角に注がれたのでは主流の勢

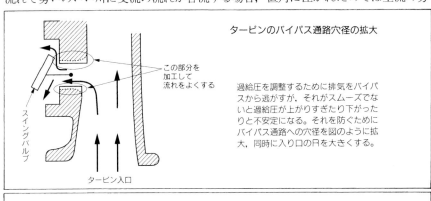

タービンのバイパス通路穴径の拡大

この部分を
加工して
流れをよくする

スイングバルブ

タービン入口

過給圧を調整するために排気をバイパスから逃がすが，それがスムーズでないと過給圧が上がりすぎたり下がったりと不安定になる。それを防ぐためにバイパス通路への穴径を図のように拡大，同時に入り口のRを大きくする。

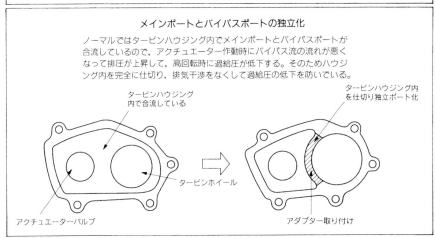

メインポートとバイパスポートの独立化

ノーマルではタービンハウジング内でメインポートとバイパスポートが合流しているので，アクチュエーター作動時にバイパス流の流れが悪くなって排圧が上昇して，高回転時に過給圧が低下する。そのためハウジング内を完全に仕切り，排気干渉をなくして過給圧の低下を防いでいる。

タービンハウジング
内で合流している

タービンハウジング内
を仕切り独立ポート化

タービンホイール

アクチュエーターバルブ

アダプター取り付け

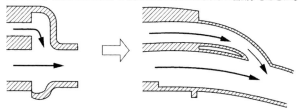

ターボエクステンションの改良

左はノーマルエンジン用に多いタイプであるが、これぐはバイパスした排気の流れがスムーズでなくなる。右のように改良すると主流に引っ張られるように合流することになる。

左がノーマルで右の写真のようにポートが完全に分岐独立しているのが分かる。

いでうまく合流して流れない。また，バイパス通路径に対してスイングバルブ径が小さくなるので，流れが阻害されることになる。こうなると，排気が逃げてくれずに過給圧が上がってしまうことになる。そこでバイパス通路径を削って大きくし，ノーマルのバイパス通路に仕切り板を付けて堰止めて，うまく集合されるように通路を設ける。

④ターボの変更

　ノーマルのものよりひとまわり大きいターボを装着することで，大幅なパワーアップを狙う。このとき低い回転からトルクのあるものにするか，高回転でのパワーを目指すか，目的によって大きさなどタービンとコンプレッサーの組み合わせが変わる。これはテストでトルクカーブをとって決める。回転の幅はどのくらい大きくするか，全開での性能を優先するか，レスポンスを重要視するかなど，使い方によって違いがあるのはいうまでもない。

　直列6気筒エンジンの場合，ストリートチューンではシングルターボかツインターボかによっても狙いは大きく変わる。レスポンスを重視して多少重くなってもい

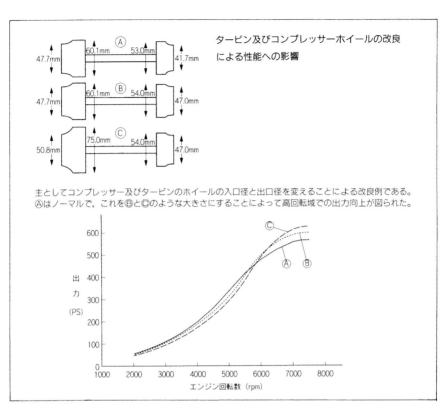

タービン及びコンプレッサーホイールの改良による性能への影響

主としてコンプレッサー及びタービンのホイールの入口径と出口径を変えることによる改良例である。Ⓐはノーマルで，これをⒷとⒸのような大きさにすることによって高回転域での出力向上が図られた。

い場合は，ツインのほうが効果的だが，パワーを求める場合は，多少のタイムラグがあってもシングルのほうが圧倒的なトルク感を味わうことができる。

(3)ターボチャージャーをとりまく部品のチューニング

　ターボの性能をフルに発揮させるには，これと関連するマフラーやインタークーラー，エアクリーナー，アクチュエーターやウェイストゲートバルブ（排気バイパスバルブ），エキステンションなどのチューニングも一緒にする必要がある。その主要なものについて見ることにする。

①マフラー

　ここで問題になるのは，フロントパイプと触媒とリアメインマフラーである。ターボからの排気をスムーズにするために，フロントパイプの太さとRの大きさを検討する。エンジンの出力向上に応じてパイプの太さが決定されるが，太くするとレ

フロントパイプのマフラー用
チューニングキット

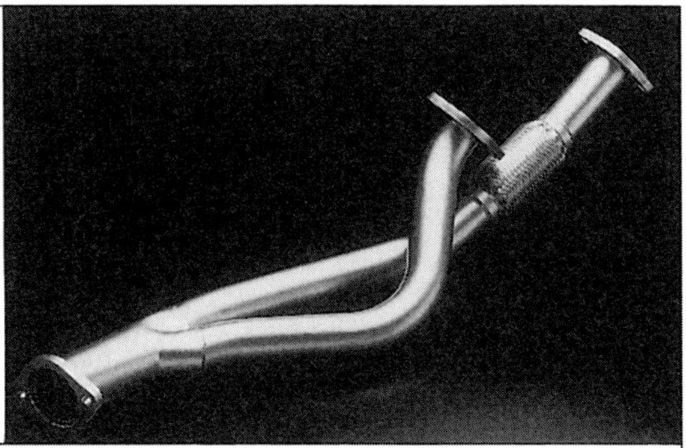

蛇腹部及びパイプ部を拡大して性能
向上が図られたフロントパイプの例。

マフラーのフロントパイプ径と性能の関係

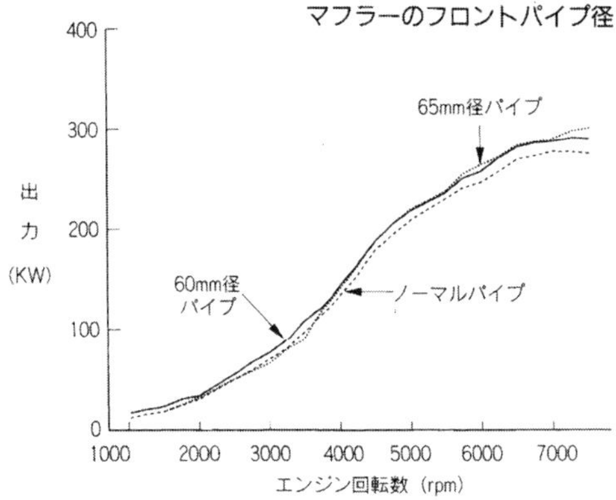

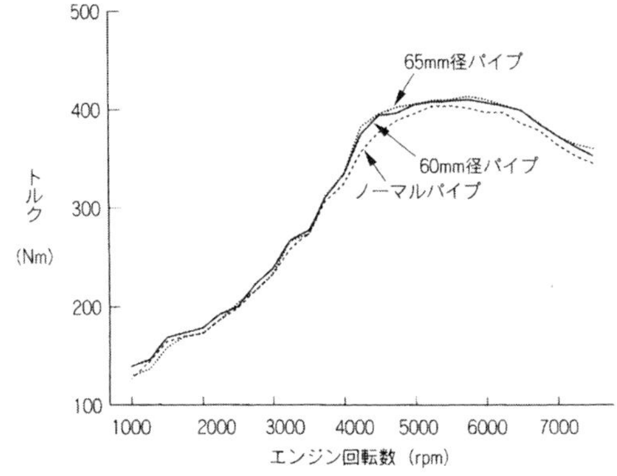

出
力
(KW)

65mm径パイプ

60mm径
パイプ

ノーマルパイプ

エンジン回転数 (rpm)

ト
ル
ク
(Nm)

65mm径パイプ

60mm径パイプ

ノーマルパイプ

エンジン回転数 (rpm)

これはスカイラインGTR用RB26
DETTエンジンのフロントパイプ径
を変えてテストしたデータ。大径(65
mm)にすると低回転ではノーマル(56
mm)と同じような出力傾向を示すが，
高回転になるにつれて出力は向上す
る。しかし，全体で見るとΦ60mmのも
のが安定した性能となっている。

スポンスが悪くなり，低速トルクがダウンするので，やみくもに太くすればいいと
いうものではない。曲げられているRは大きくして，途中に凹みがあればこれをな
くし，振動を吸収するために入れられている触媒のすぐ前にある蛇腹の内径が小さ

くなっているので，パイプと同じ太さのものに交換する。パイプの太さはタービンの出口の径で決まるが，サーキットレースを想定した場合は排気抵抗をなくすために太めになる。フロントパイプはある程度以上に太くしても効果はない。

　触媒はレース用ではこれを取り去るが，ストリートを走行する場合は触媒を付けなくてはならない。チューニングした場合は，ノーマルのままの触媒では，メッシュが細かく容積が小さいので交換する必要がある。メッシュが細かいと排ガスの抜けが悪くなり，容積が小さいと排気浄化が充分でない。

　そこで，メタルハニカムを使用した触媒にして，粗いメッシュ（200〜250セル）にして触媒そのものを長さのあるものにする。こうすることで容積をふやして，抵抗を小さくすることでパワーアップに貢献し，なおかつ排ガスをきれいにすることができる。ノーマルのままではここで詰まってしまう可能性があるので，ストリート用のチューニングではメタル触媒に置き換える。ターボの場合は，排ガスをスムーズに出すことでパワーアップされる割合が大きく，触媒を変えただけでも10ps単位で出力の向上が見られる（188頁参照）。

　エキゾーストマニホールドについても，量産車用では各気筒の分配，流れ抵抗，集合部の形状，断面形状のスムーズさ，面粗度など，各部にわたってよく見直す必要がある。

　リアメインマフラーは，背圧を下げ，騒音を小さくする構造のものにする。パイプ径についてはフロント部からリア部にかけて性能とレスポンスのバランスを考えた太さにするが，フロントとリアは別個に考えて，リアは太いものを採用する。ノーマルのままでは内部構造の抵抗が大きく太さも足りない。この部分は太くしても

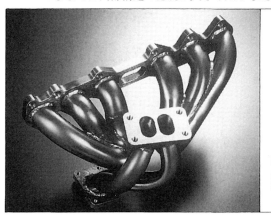

ターボ用排気マニホールド

等長タイプにして，効率よくターボに排気を導くことが大切。ステンレス製で手曲げ加工されているチューニング用。

レスポンスにあまり影響がないので，背圧を下げて抜けをよくすることと，周波数の高いところで共鳴させて音を消すような膨張管に１，吸音材を使用する。

　また，チューニングしたことを実感するためにも音色がどうなるかは大切で，ドライブのフィーリングに合うようにすることも必要だ。静かにするだけでなく，途中に絞りを入れたり膨張管の内部構造を工夫することで，音色のチューニングも行う。

②インタークーラー

　空気を圧縮してシリンダーに送り込むターボエンジンでは，空気温度が高くなりノッキングが起こりやすくなる。これを防ぐために，インタークーラーを設置するのがふつうになった。かつては水冷式のインタークーラーもあったが，コストの点で空冷に劣るために現在ではほとんど姿を消し，空冷式になっている。水冷式ではラジエターの水を使用するので，もともと温度が高くなり，空気を冷やすのには無理がある。

　インタークーラーは，チューニングしたことでパワーアップが図られれば，大きい容量のものに置き換える必要がある。冷却効率がよく，圧力損失の少ないものを採用する。インタークーラーの容量は，空気温度をどこまで冷やすかによるが，夏

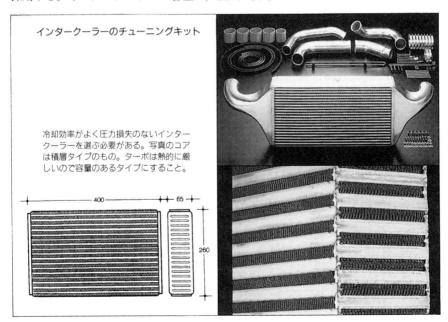

インタークーラーのチューニングキット

冷却効率がよく圧力損失のないインタークーラーを選ぶ必要がある。写真のコアは積層タイプのもの。ターボは熱的に厳しいので容量のあるタイプにすること。

の温度的に厳しいときを想定して，吸入空気の温度を効率のよい45〜60℃くらいにする必要がある。

インタークーラーにはチューブ＆フィンタイプと重ね板（積層）タイプがある。同じ表面面積なら積層タイプのほうが冷えるが，重くなるのが欠点だ。しかし，レース用では効率を考えて積層タイプが採用されている。インタークーラーを容量のあるタイプに変えて30psもパワーアップが図られたというテストデータもある。これは，ノッキング限界が高められ，吸入空気温度が下がって密度が高くなることで過給圧を上げることができたことによる。

しかし，実際にクルマに搭載した状態でインタークーラーが，どれだけ性能を発揮しているかテストする必要がある。狭いボンネットの中でうまく風が当たって，フィン全体が同じように冷やされているか，通気抵抗を減らすために，入り口側のタンクの容量をどの程度小さくしたらよいかを走行テストする。全開時やパーシャル領域でのパワーの出方をとる。これによって，インタークーラーの取り付け位置，冷却空気の取り入れ口の大きさや位置が適当かなどを見る。均等に当てるためには導風板を取り付けることも必要になり，インタークーラーの取り付け方や位置についても再検討しなくてはならない場合もある。

③サージタンク

インタークーラーからの冷やされた空気は，サージタンクに集められた上で各シリンダーに分配される。このとき，均等に分配されずにある気筒だけ吸入空気が多くなるとノッキングを起こす。サージタンクの形状を改良して各気筒に均等に分配されるように配慮する必要があるが，これは走行テストをくり返すなどかなり手間のかかることである。そこで，どうしてもうまくいかない場合は，たとえば直列6気筒エンジンの6番シリンダーだけが早くノッキングを起こすようなら，その気筒だけ圧縮比を少し下げたり，点火時期をわずかに遅らせたりして調整する。ひとつのシリンダーだけがノッキングを起こしているのに，それにすべてのシリンダーを合わせたのでは，何のためにパワーアップを図っているか分からなくなる。

④エアクリーナー

タービン入り口の連結パイプを太くして段差をなくし，ストレートにして空気を取り入れるエアホーンにつなげるが，このベルマウスにしたホーン部に，スポンジ製のフィルターを付ける。ドラッグレースのように1台だけで走る場合は別だが，レースではスリップストリームなどで前車の跳ね上げた小石や砂が入ってくるので，

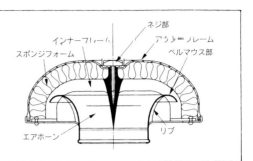

エアクリーナーの装置

ネジ部
インナーフレーム
アウターフレーム
スポンジフォーム
ベルマウス部

吸入抵抗のないスポンジフォームのエ
アクリーナーに交換する。とくにター
ボエンジンでは小石がエンジン内部に
入らないようにしないと、タービンホ
イールを破損させる恐れがある。

エアホーン
リブ

エアクリーナーは必要だ。とくにタービンホイールは小石などで割れてしまう恐れ
があるので，その侵入を防がなくてはならない。

⑤過給圧調整用のアクチュエーター

　ターボエンジンでは，過給圧をある限度に抑えないとノッキングを起こしてエン
ジンを破損させてしまう。そこで一定以上に過給圧を上げないように，排ガスを逃
がすためのバイパス通路が設けられていて，その通路に排ガスを逃がすには，アク
チュエーターで圧力を測定し，その圧力が高くなるとスイングバルブが開くように
なっている。

　圧力がかかったときにスイングバルブが開いてガスを逃がすわけだが，この開閉
はスプリングの伸縮で行われる。しかし，このスプリングがノーマルのままだと，
過給圧が上がってくるとアクチュエーター側ではなく，メインの排気通路側からの
圧力で逆にスイングバルブが押されて，必要以上にバルブが開く現象が起こる。そ
うなると，高回転域で過給圧が下がってパワーダウンして不安定な状態になる。こ

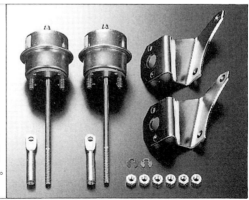

アクチュエーター
のチューニングキット

過給圧の管理をしっかりするためには強化アク
チュエーターやウェイストゲートバルブに交換
することが必要。ウェイストゲートバルブのほ
うが過給圧はより安定するが構造が複雑になる。

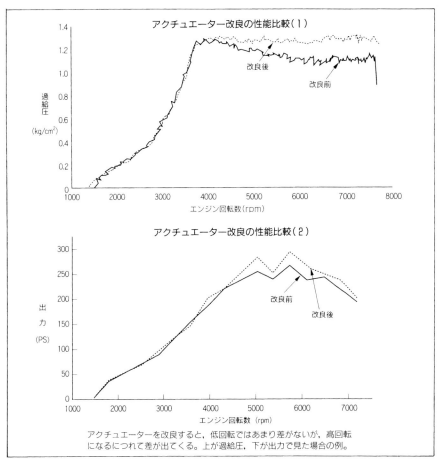

アクチュエーター改良の性能比較（1）

過給圧 (kg/cm²)

改良後

改良前

エンジン回転数（rpm）

アクチュエーター改良の性能比較（2）

出力 (PS)

改良前

改良後

エンジン回転数（rpm）

アクチュエーターを改良すると，低回転ではあまり差がないが，高回転になるにつれて差が出てくる。上が過給圧，下が出力で見た場合の例。

れは，アクチュエーターのスプリングが弱いためで，スイングバルブを反対側から押し開けようとする力に負けてしまうからだ。

　そこで，アクチュエーターのスプリングのバネ定数を変える必要がある。ノーマルのアクチェエーターのままでは，回転を上げていくと過給圧がある回転からたれてきてしまう。これは，必要以上に排気がバイパスから逃げてしまうせいである。したがって，こうした強化スプリングを組み込んだアクチュエーターに交換する。

　また，ポペットタイプのバルブを組み入れたウェイストゲートバルブだと，アクチュエーターは必要なく，過給圧の不安定さはないが，配管を別に設けたりして構造が複雑になり，コスト高となる。レース用などは，配管を太くできるので安定し

ウェイストゲートバルブ
のチューニングキット

アクチュエーター方式ではスイングバ
ルブが使われるが,これではポペット
バルブが使われる。排気ガスコントロ
ール容量が大きく,精度及び過給圧上
昇特性において優れている。

た性能が得られるポペットバルブタイプである。このほうが,低回転からのコント
ロール性もよく,過給圧が上がるまでの時間も短縮される。

(4)ターボエンジンのセッティング

　NAエンジンに比較してターボエンジンでは過給圧という要素が加わるので,性能
をフルに発揮させるためにはマッチングをうまくとることが大切となる。さらに,
過給されることで燃焼の圧力が大きくなるので,それに対応するためにピストンの
剛性を上げたり,冷却系の強化を図る必要がある。

①圧縮比の選定と過給圧

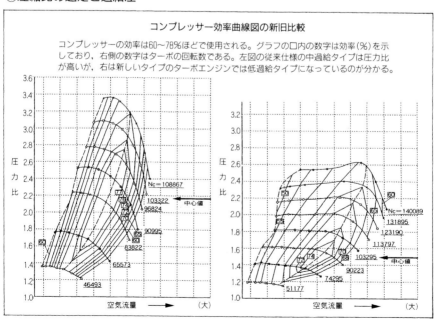

コンプレッサー効率曲線図の新旧比較

コンプレッサーの効率は60〜78%ほどで使用される。グラフの□内の数字は効率(%)を示
しており,右側の数字はターボの回転数である。左図の従来仕様の中過給タイプは圧力比
が高いが,右は新しいタイプのターボエンジンでは低過給タイプになっているのが分かる。

かつてのターボエンジンの圧縮比は7～8程度とあまり高くない数値になっていたが，これはある程度過給圧を上げてパワーを出すために，タイムラグが大きくなることを覚悟して設定されたものだった。しかし，最近のターボエンジンではレスポンスのよさを重視して，あまり過給圧を上げないようにしている。

　もっとも効率のよい過給圧はどのくらいかを見付けるためには，前頁のコンプレッサーの効率曲線図（コンプレッサーマップ）を参考にする。コンプレッサーの容量やインペラーの形状などによって，過給圧をどこまで上げたらよいかを示すもので，古いタイプのコンプレッサーと新しいものとを比較すると，その性格の違いがよくわかるはずだ。新しいものでは高圧力比ではなく，全域での効率アップを狙ったものになっている。

　過給圧と圧縮比を決めるには，まずチューニングされたエンジンの使用目的が何かによって異なってくる。レース用か，ラリー用か，ストリート用かで，最初の基準設定値が違い，当然のことながら目標馬力も違ってくる。たとえばレース用では2600ccで600psを目標にすればカムの開度は280°で，過給圧は1.6～1.8kg/m²で，圧縮比は8.0～8.5が目安となる。同じようにラリーで2000ccで450psを目標にした場合や，ストリート用で2500ccで500psを目標にした場合の過給圧や圧縮比の目安が設定され，それに見合ったエンジンのマッチングが図られる。

　このマッチングのとり方は，NAエンジンのMBTの見付け方と基本的には同じであるが，これに排気ガス温度と過給圧が加わるので，テスト項目が多くなって作業

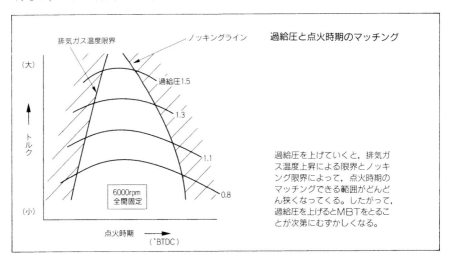

過給圧と点火時期のマッチング

過給圧を上げていくと，排気ガス温度上昇による限界とノッキング限界によって，点火時期のマッチングできる範囲がどんどん狭くなってくる。したがって，過給圧を上げるとＭＢＴをとることが次第にむずかしくなる。

が大変になる。しかし，性能を出すためには欠かせないことで，時間がかかっても
しっかりとやらなくてはならない。具体的には，A/Fを12に決めるなどしてエンジ
ン回転を一定にして，点火時期を変えてトルクの出方をとっていく。

　このとき，先に示した過給圧を基準にして，その数値をちょっとずつ変えて，ト
ルクの出方とノッキングが起こるところをチェックする。ここで，ターボエンジン
の場合は，それぞれのポイントで排気ガス温度を測らなくてはならない。点火時期
を遅らせていくと排気温度も上がっていくから，排気温度が1000℃を超えるかどう
かも限界を示す目安となる。

　ノッキングの起こるところと排気温度が限界を超える地点の手前でMBTがうまく
とれないなら，圧縮比を下げるなどの見直しをしなくてはならない。過給圧を下げ，

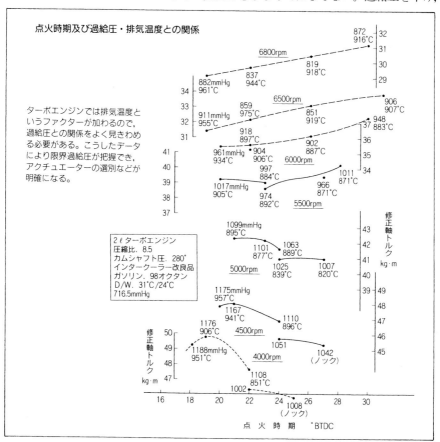

点火時期及び過給圧・排気温度との関係

ターボエンジンでは排気温度と
いうファクターが加わるので，
過給圧との関係をよく見きわめ
る必要がある。こうしたデータ
により限界過給圧が把握でき，
アクチュエーターの選別などが
明確になる。

2ℓターボエンジン
圧縮比．8.5
カムシャフト圧．280°
インタークーラー改良品
ガソリン．98オクタン
D/W．31℃/24℃
716.5mmHg

ターボエンジンにおけるピストントラブルの原因分析

トラブル要因	原 因 及 び 対 策
ノッキングによる ピストン溶損	●点火時期の過大進角 ●燃料のA/Rのミスマッチング(過リーン) ●過給圧の異常上昇 　(排気バイパス容量不足，排気系の効率アップ) ●冷却系の不足によるピストン温度上昇 　(ラジエターの容量不足，ガスケット吹き抜けなど)
リングのスカッフィング によるシリンダーのかじり	●高過給に耐えられないリング材によるかじり 　(高級材料への変更及び表面処理) ●トップリング合い口寸法不足による干渉
リングの固着による シール不良	●トップランド及びランド溝の融着(アルミ)によるリングの固着 　(溝の摩耗防止，トップランドの冷却)

　圧縮比も低くするほうが安定してパワーが出ることもよくあるから，こうしたマッチングのとり方は何度もくり返してやる必要がある。

　さらに，排気バルブをナトリウム入りの中空製にしたり，タービンのホイールを耐熱性のある材料にするなどの対策をして，排気ガス温度が1100℃までOKということになれば点火時期を遅くしてMBTをうまくとり，パワーアップを図ることができる可能性が大きくなる。ふつうにチューニングする際に使われるインコネルなどでは，排気ガス温度が1000℃を超えると溶けてしまう。ターボエンジンでは，排気温度を高くしないと効率がよくないので，熱との戦いはNAエンジンに比較してはるかに厳しくなるが，それへの対応がパワーアップの鍵をにぎるともいえる。

　また，カムの開度をここで見直すことも必要になってくるが，これも圧縮比との関係で，NAエンジンに比べて，どちらかといえば開度はひとまわり小さくするくらいがいいようだ。カムシャフトの開度の大きいものにした場合は，少しずつ圧縮比を上げていくことになる。これは特別のものをつくる以外，コンプレッサーの過給圧を一定以上にあげても効率が上がらないからである。

②ピストンの剛性と冷却

　ターボによる燃焼圧力をまともに受けるピストンは，軽量化よりも剛性の確保のほうが重要になる。高回転化することはNAエンジンほど重要ではなく，ピストンを軽くすることよりも熱に耐えるようにすることのほうがはるかに重要である。ノッキングなどが起きると必ずといっていいほどピストンにダメージを受けるので，ターボエンジンではピストンの強化を図る必要がある。

　コンプレッションハイト寸法や，トップランド寸法を縮めないほうがいい。スカートの剛性も重要で，ピストンリングの幅を詰めたりするのも賢明ではない。オイ

ル消費がふえたり，ブローバイガスが多くなると極端にパワーダウンする。そうならないようにするには，ピストンの形状や製造法がポイントとなる。もちろん，鍛造にして強度を上げる。

ターボ用のピストンとしてクーリングチャンネル式のものが多くなっているが，これは熱をもろに受けるピストンの頭部を冷やすには有効である。リングからの放熱だけでは足りないからオイルで冷やす必要があるが，そのために頭部に近い部分の全周にわたってチャンネルを開けることになるので，新設する場合に，バルブリセスのあるピストンでは限界近くまでまわした場合に強度的に心配がある。場合によっては，ピストン素材を変更してクーリングチャンネルを設けずに，ピストンの裏側からオイルを多めにかけて冷やすほうが無難である。

いずれにしてもノーマルエンジンでオイルジェットのないシリンダーブロックでは，改造しなくてはならない。また，コストがかかるが，ピストンヘッドにはニッケルメッキやニカジルメッキなどを施して，ノッキング限界を向上させる。また，トップリングの溝にはリングのこう着防止のためにアルマイト処理を施す。

熱的に厳しいターボエンジンでは，ノッキングによってピストンにダメージを受けないように濃い目の混合気にして，燃料の気化熱でピストンの頭部を冷却する方法がとられることもあるが，これは正攻法とはいいがたいものだ。

③冷却その他

当然のことながら，パワーアップに応じてラジエターやインタークーラーの容量を上げる必要があるが，ブッシュメタルの場合はメタルまわりに水を流して，メタルの温度が上がるのを抑える処置がとられることが望ましい。全開で走った直後にエンジンを切ると焼き付く恐れがあるので，それを防ぐためである。また，ターボ

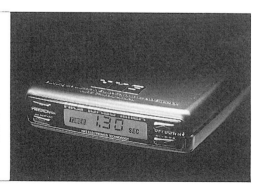

ターボタイマー

高速走行後にターボのベアリングが焼き付かないようにエンジンを止めても一定の時間回転を続ける装置。これは1分30秒後にエンジンが自動的にストップすることを示す。

ではオイルが熱にさらされるので，オイルが炭化しないことが要求される。そのためにはSFやSGクラスのオイルを用い，交換もある程度まめにする必要がある。また，焼き付きを防止するために，エンジンカット後もアイドリングを保っておくために，ターボタイマーを使用するのも有効である。

　インジェクターに関しても，過給圧を上げたことで燃圧を上げるなどして燃料を多めに供給する必要があるが，噴射ノズルの容量を上げるとともに，燃料ポンプの容量を上げないと時間あたりの供給量が変わらないから，燃料が足りなくなる。ポンプ容量を大きくして，さらにインジェクターのノズルを大きくして対応することも求められる。

　点火系では，プラグの熱価を最優先してコールドタイプにする。ストリート用では，着火性がよく，くすぶりのない冬から夏まで使用可能なオールマイティのものを選定する。また，過給圧を上げた場合には点火系の強化などの見直しも必要になるかもしれない。

9. エンジンチューニングとクルマの関係

エンジンは車体に積まれて初めてその能力を発揮するもので，エンジン単体ではいくらパワーがあっても何の役にもたたない。あくまでもクルマがあっての存在である。したがって，エンジンのパワーばかり出ていてもそれに見合ったシャシー性能になっていなければ，エンジンの性能を本当に発揮することができない。クルマ全体としてのバランスがもっとも重要である。サスペンションで見れば，とくにストリート用ではいかにホイールのストロークを確保するかが鍵となり，フレームやサスペンションの剛性確保の裏付けとなる。

クルマで見れば，レギュレーションによって一概にはいえないが，性能向上には軽くすることが，パワーを上げるのと同じくらい重要である。速く走るための基準となるのはあくまでもパワーウエイトレシオであり，この値が高ければそれだけポテンシャルが高いのである。走る性能を向上させるために，無駄なパーツを取り去り身軽なボディにすることは，エンジンの性能を上げる以上に重要である。

エンジンもクルマを形成するひとつのパーツとして見た場合，コンパクトで軽量なことが有利である。パワーを上げることと軽量化とのかね合いをどうとるかは，チューニングにあたっては常に考慮しなくてはならないことである。

同様に，ツーリングカーの場合には，重心を下げてコーナリングスピードを上げ

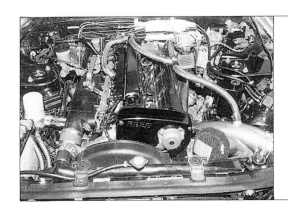

ストリート用チューンを施した
RB26DETTエンジン搭載の
スカイラインR32GTR

エアクリーナー及びチャンバーパイプ
系，オイルクーラーなどの改良がほど
こされた状況を示す。

ることが大切で，そのためにはエンジン位置を下げることが大いに貢献するし，ラ
ジエターを置く場所もよく検討し，低い位置にするように配慮する必要がある。そ
れだけでなく，エンジンの搭載位置はできるだけ重心に近いところにして，いわゆ
るフロントミッドにすることで前後の重量バランスをよくすることが，戦闘力を上
げるためにはきわめて大切である。

　フルチューンされたエンジンでは吸入空気を確保することは何よりも重要で，冷
たい空気を取り入れるフロントのダクトは充分に吟味し，場合によっては導風板を
設けることも必要かもしれない。さらに，ラジエターやインタークーラーには充分
にエアが当たると同時に，このエアはうまく抜けていくようにすることが大切だ。

　こうしたボンネット内のレイアウトをうまくやらないとエンジンを活かすことが
できない。ラジエターを横長にして背を低くすることで重心位置を下げる配慮をし
ながら，ラジエター用のエアはバンパーの下側から取り，上方から吸入空気を取り
入れるようにするなどして，ラジエターに当たって暖められたエアがエンジンまわ

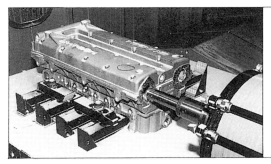

リバースヘッド用の改造

吸排気系を前後逆にするために，シリン
ダーヘッドは左右が反対になり，カム駆
動用の改造などを行う必要がある。

ボンネット内の
リバースヘッドエンジンの搭載

前方にエアクリーナーがあり，コクピ
ット近くに排気マニホールドが出てい
る。こうすることによってエンジン搭
載位置を低くすることができる。また，
エンジン位置をできるだけ前車軸に近
くすることもマシンのポテンシャルを
上げるためには重要である。

前方からダイレクトにフレッシュエ
アを吸入し，スライドバルブにして
全開時の性能向上が図られている。

りに留まらないように工夫する。

　ツーリングカーレースでは，エンジンの吸気と排気を反対側にする，いわゆるリ
バースヘッドに改造することも，戦闘力を上げるためには効果的である。ノーマル
エンジンは前に排気管が出て，吸気はエンジンの後方から吸うようになっている。
こうすることで，キャビンにエキゾーストからの熱が伝わりづらくなり，エンジン
から燃料が漏れても火がつく心配が小さい。居住性や安全性を優先しているからだ
が，そのためにエキゾーストマフラーがエンジンの下を通るので，エンジン位置を
上げなくてはならない。これを逆にすると，エンジンの後方から排気されるので，
エンジン位置を下げることができる。その上，ボンネット内の温度が上がらないの
で，エンジンに冷たい空気を送ることができる。

　このためには，シリンダーヘッドを180°変えて積む必要がある。規則でシリンダー
ブロックはその位置を変更できないので，エンジンをそっくり積み変えることがで

レース仕様オペルのコクピット

コンピューターボックスは熱と振動
に弱いので，除去されたパッセンジ
ャーシートの位置に置かれている。

きないからだ。したがって，シリンダーヘッドを改造してカムの駆動を反対側にも
ってこなくてはならない。別にアダプターを付けて，タイミングチェーンカバーを
つくり変える必要があり，オイルのリターンも逆になる。もちろん，これはいまや
世界の主流となった横置きFF車の場合である。

　最後に，もっとも大切はことはチューニングには終わりがないということだ。性
能向上を図っていけば，ある時点でそのエンジンの限界に近いところまで達し，そ
の後の出力アップはなかなかむずかしくなる。しかし，だからといって，そこが終
着地点ではない。考え方を変えたり，全体の見直しをすること，あるいは材料や条
件を変えることで，その先の向上が見込まれる可能性がある。もちろん，出力向上
とそれにかかる費用や時間などとのかね合いがあり，一概にはいえないが，チュー
ニング作業はそれが一段落して終了した時点が，次の始まりでもあるのだ。そのた
めには，常に最新の技術情報に注目し，みずからも新しい発見を心がけ，貪欲に取
り組んでいくことが何より重要である。

索　引

著者略歴

長谷川浩之(はせがわ・ひろゆき)

1946年～2016年，静岡県生まれ。

1967年沼津高専卒業後，ヤマハ発動機に入社。四輪車用エンジンの研究開発を担当する研究課に配属。1969年トヨタ自工レーシングチームのレース車開発のためにトヨタ自動車工業に出向。トヨタ7をはじめとするトヨタのレース車のエンジンやシャシーの開発に携わる。1972年12月にトヨタのレース活動の縮小に伴ってヤマハ発動機に復帰。1973年10月に退社し，株式会社HKSを設立，代表取締役社長に就任した。ターボエンジンのチューニングを手がけ，レース用やラリー用エンジンを開発，研究用にＦ１エンジンの設計製作からモーターサイクル用エンジン，航空機(ウルトラライト)用エンジンなど幅広く開発を続け，常にその研究開発の先頭にって活躍した。

HKS流エンジンチューニング法

著　者	長谷川浩之
発行者	山田国光

発行所　**株式会社グランプリ出版**
〒 101-0051　東京都千代田区神田神保町 1-32
電話 03-3295-0005(代)　FAX 03-3291-4418

印刷・製本　モリモト印刷株式会社

.